中国特色高水平高职学校项目建设成果
人才培养高地建设子项目改革系列教材

Java 程序设计基础

吴奇英◎主　编
宋　磊　尹洪岩　朱嵩宇　陈　颐　欧阳广婧◎副主编
王永强　王天成◎主　审

中国铁道出版社有限公司
CHINA RAILWAY PUBLISHING HOUSE CO., LTD.

内 容 简 介

本书依据高职软件技术专业人才培养目标和定位要求，结合学生的认知规律特点，“由浅入深，由简单到复杂”将所有知识点融入一个完整项目中，以培养学生开发Java项目的能力为目标，注重学生对Java项目开发技术的应用。以“项目为导向，任务为驱动”的课程模式，将这个完整的项目分割成五个子项目，即设计购物系统界面、实现购物系统界面的功能、实现商品模块的功能、实现会员模块的功能、实现管理员模块的功能，为了提高学生的开发能力，增加了项目六 综合任务。

每个子项目又分为若干子任务，每个子任务实现一个功能，并对应相应的知识点，让学生在潜移默化中掌握了所学的知识点和技能点。

本书附有源代码、习题、课件、微课等教学资源，可以帮助学生更好地学习本书中讲解的知识点和技能点。

本书适合高职学校开设Java课程的学生及社会上的初学者使用。

图书在版编目（CIP）数据

Java 程序设计基础 / 吴奇英主编 .— 北京：中国铁道出版社有限公司，2022. 3（2024.9 重印）
中国特色高水平高职学校项目建设成果 人才培养高地建设子项目改革系列教材
ISBN 978-7-113-28802-0

Ⅰ. ① J… Ⅱ . ①吴… Ⅲ . ① JAVA 语言 – 程序设计 – 高等职业教育 – 教材 Ⅳ . ① TP312. 8

中国版本图书馆 CIP 数据核字 (2022) 第 008784 号

书　　名：Java 程序设计基础
作　　者：吴奇英

策　　划：祁　云　　　　**编辑部电话**：（010）63549458
责任编辑：祁　云　包　宁
封面设计：郑春鹏
责任校对：安海燕
责任印制：樊启鹏

出版发行：中国铁道出版社有限公司（100054，北京市西城区右安门西街8号）
网　　址：https://www.tdpress.com/51eds/
印　　刷：北京铭成印刷有限公司
版　　次：2022年3月第1版　2024年9月第2次印刷
开　　本：850 mm×1 168 mm 1/16　**印张**：16　**字数**：396千
书　　号：ISBN 978-7-113-28802-0
定　　价：45.00元

中国特色高水平高职学校项目建设系列教材

编审委员会

序

实施中国特色高水平高职学校和专业建设计划（简称“双高计划”）是教育部、财政部为建设一批引领改革、支撑发展、中国特色、世界水平的高等职业学校和骨干专业（群）而做出的重大决策。哈尔滨职业技术大学（原哈尔滨职业技术学院）入选“双高计划”建设单位，学校对中国特色高水平学校建设进行顶层设计，编制了站位高端、理念领先的建设方案和任务书，并扎实开展了人才培养高地、特色专业群、高水平师资队伍与校企合作等项目建设，借鉴国际先进的教育教学理念，开发中国特色、国际水准的专业标准与规范，深入推动“三教改革”，组建模块化教学创新团队，实施“课程思政”，开展“课堂革命”，校企双元开发活页式、工作手册式、新形态教材。为适应智能时代先进教学手段应用，学校加大优质在线资源的建设，丰富教材的信息化载体，为开发工作过程为导向的优质特色教材奠定基础。

按照教育部印发的《职业院校教材管理办法》要求，教材编写总体思路是：依据学校双高建设方案中教材建设规划、国家相关专业教学标准、专业相关职业标准及职业技能等级标准，服务学生成长成才和就业创业，以立德树人为根本任务，融入课程思政，对接相关产业发展需求，将企业应用的新技术、新工艺和新规范融入教材之中。教材编写遵循技术技能人才成长规律和学生认知特点，适应相关专业人才培养模式创新和课程体系优化的需要，注重以真实生产项目、典型工作任务及典型工作案例等为载体开发教材内容体系，实现理论与实践有机融合，满足“做中学、做中教”的需要。

本系列教材是哈尔滨职业技术大学中国特色高水平高职学校项目建设的重要成果之一，也是哈尔滨职业技术大学教材建设和教法改革成效的集中体现。教材体例新颖，具有以下特色：

第一，教材研发团队组建创新。按照学校教材建设统一要求，遴选教学经验丰富、课程改革成效突出的专业教师担任主编，邀请相关企业作为联合建设单位，形成了一支学校、行业、企业高水平专业人才参与的开发团队，共同参与教材编写。

第二，教材内容整体构建创新。精准对接国家专业教学标准、职业标准、职业技能等级标准确定教材内容体系，参照行业企业标准，有机融入新技术、新工艺、新规范，构建基于职业岗位工作需要的体现真实工作任务、流程的内容体系。

第三，教材编写模式形式创新。与课程改革相配套，按照“工作过程系统化”“项目+任务式”“任务驱动式”“CDIO式”四类课程改革需要设计四大教材编写模式，创新新形态、活页式及工作手册式教材三大编写形式。

第四，教材编写实施载体创新。依据本专业教学标准和人才培养方案要求，在深入企业调研、岗位工作任务和职业能力分析基础上，按照“做中学、做中教”的编写思路，以企业典型工作任务为载体进行教学内容设计，将企业真实工作任务、真实业务流程、真实生产过程纳入教材之中，并开发了教学内容配套的教学资源[①]，满足教师线上线下混合式教学的需要，本教材配套资源同时在相关平台上线，可随时下载相应资源，满足学生在线自主学习课程的需要。

第五，教材评价体系构建创新。从培养学生良好的职业道德、综合职业能力与创新创业能力出发，设计并构建评价体系，注重过程考核和学生、教师、企业等参与的多元评价，在学生技能评价上借助社会评价组织的“1+X”考核评价标准和成绩认定结果进行学分认定，每部教材均根据专业特点设计了综合评价标准。

为确保教材质量，哈尔滨职业技术大学组建了中国特色高水平高职学校项目建设系列教材编审委员会，教材编审委员会由职业教育专家和企业技术专家组成。学校组织了专业与课程专题研究组，对教材持续进行培训、指导、回访等跟踪服务，有常态化质量监控机制，能够为修订完善教材提供稳定支持，确保教材的质量。

本系列教材是在学校骨干院校教材建设的基础上，经过几轮修订，融入课程思政内容和课堂革命理念，既具积累之深厚，又具改革之创新，凝聚了校企合作编写团队的集体智慧。本系列教材的出版，充分展示了课程改革成果，为更好地推进中国特色高水平高职学校项目建设做出积极贡献！

哈尔滨职业技术大学中国特色高水平高职
学校项目建设系列教材编审委员会
2024年7月

①2024年6月，教育部批复同意以哈尔滨职业技术学院为基础设立哈尔滨职业技术大学（教发函〔2024〕119号）。本书配套教学资源均是在此之前开发的，故署名均为“哈尔滨职业技术学院”。

前言

《Java程序设计基础》是高职软件技术专业程序设计语言核心课程的配套教材，是根据高职院校的培养目标，按照高职院校教学改革和课程改革的要求，以企业调研为基础，确定开发项目，明确课程目标，制定课程设计的标准，以能力培养为主线，与企业合作，共同进行课程的开发和设计。本书以培养学生具有程序员岗位的职业能力为目标，在掌握基本操作技能的基础上，着重培养学生的项目开发技能，以解决现实生活的实际问题。

本书的设计理念与思路是按照学生职业能力成长的过程进行培养，根据学情分析和学生的认知规律，教学团队搜集资料、走访企业，了解更多的软件专业技术需求，聘请企业高级工程师参与教材编写、设计教学案例、参与微课的录制等工作，校企联合开发了这本工学结合的教材。与传统教材编排方式不同，本教材的特色定位是以“项目为导向，任务为驱动”，设计教学内容，注重理论联系实际，在教学中以培养学生的开发思想、开发方法和运用能力为重点，以提高学生的编码能力为基础，以培养学生分析项目、分解项目模块、解决实际问题的能力为终极目标。

本书共6个项目，28个任务，参考教学时数为56～60学时。书中主要内容包括设计购物系统界面、实现购物系统界面的功能、实现商品模块的功能、实现会员模块的功能、实现管理员模块的功能，为了提高学生的开发能力，增加了综合任务。项目包括项目描述、学习目标、若干任务、项目总结、项目实训、课后拓展（除项目1和项目6）和课后练习（除项目6）。

每个任务实现一个功能，包括任务描述、知识链接、任务实施和拓展任务几个环节，并对应相应的知识点。让学生在潜移默化中掌握必备知识点，并达到技能点灵活应用。

本书的特色与创新体现在如下几个方面：

1. 本书采用“以项目为导向，以任务为驱动”课程模式。本书完全打破了传统知识体系章节的结构形式，与企业合作，开发了全新的以程序员的工作任务为载体的任务结构形式。教材设计的教学模式对接岗位工作模式，本书主要是将Java基础知识融入项目开发过程中，主要讲解Java技术的基础知识、软件的开发思想和开发流程，由浅入深、层层递进、环环相扣，适合初学者学习。

2．教材全面融入行业技术标准、素质教育与能力培养。将软件开发的技术标准和学生就业岗位的程序员职业资格标准融入教材中，突出了职业道德和职业能力培养。通过学生自主学习，在完成学习性工作任务中训练学生在知识、技能和职业素养方面的综合职业能力，锻炼学生分析问题、解决问题的能力，注重多种教学方法和学习方法的组合使用，将学生素质教育与能力培养融入教材。

3．教材配套教学资源丰富，支撑线上精品在线平台开放。本教材配套教学资源主要包括微课视频43个、PPT43个、测试题350道、作业库若干、试卷库若干，其中43个视频资源累计 400 分钟左右，同时选择精品资源在教材中以二维码的形式进行链接，保障学生实时自学自测的需要。教材支撑的“Java程序设计基础”课程在学银在线（超星泛雅网络课程平台）上线。

本书由哈尔滨职业技术学院吴奇英主编，负责确定教材编制的体例及统稿工作，由哈尔滨职业技术学院宋磊、尹洪岩、朱嵩宇、陈颀，黑龙江鑫联华信息股份有限公司欧阳广婧任副主编。吴奇英负责编写项目1～项目5；欧阳广婧负责编写项目6；朱嵩宇负责编写项目1和项目2课后习题；陈颀负责编写项目5课后习题。本书配有微课资源，由吴奇英、宋磊、尹洪岩、姜宇和欧阳广婧负责录制，可以通过扫描二维码进行学习。

本书由哈尔滨职业技术学院的王永强和王天成主审，给各位编者提出了很多专业技术性修改建议。在此特别感谢哈尔滨职业技术学院教材编审委员会领导给予教材编写的指导和大力帮助，在编写本教材的过程中，得到了哈尔滨职业技术学院院长孙百鸣的细心指导，得到了哈尔滨职业技术学院徐翠娟、王永强、王天成三位院长的指导和帮助，同时也得到了软件技术专业教师的支持和帮助，他们提出了许多宝贵意见和建议，在此向他们表示衷心的感谢。同时得到了黑龙江鑫联华信息股份有限公司的帮助，他们对项目的开发提出了宝贵的意见，在此对他们表示由衷的感谢。

由于作者水平有限，编写时间仓促，书中难免会有不妥之处，敬请广大读者给予批评指正。

编　者

2021年8月

目录

项目1

设计购物系统界面

项目描述

随着网络的迅猛发展，网络购物应运而生，网购软件也层出不穷。购物软件的界面设计是进行软件开发前需要认真构思的。一个精美的购物网站可吸引大量的网民，并带来可观的经济收益。要实现“3X购物管理系统”的各个界面设计，就需要掌握相应的知识技能，大家可以利用Eclipse软件在控制台输出相关信息。

本项目主要包含以下任务：

- 任务1　搭建Java开发环境；
- 任务2　利用Eclipse软件开发Java项目；
- 任务3　设计“3X购物管理系统”的主界面。

首创精神

首创精神是敢于突破已经陈旧的观念、程式的创造性的思想和活动。与自觉性相联系，是积极性的一种层次较高的表现形式。具体表现在社会变革、科学发现、理论创见、文艺创作，以及生产劳动和学习生活等方面。例如：

唐稚松是中国计算机科学和软件工程研究的先驱和开拓者之一，为中国科学事业的振兴兢兢业业奋斗近六十载。他是中国计算机科学和软件领域的主要学术带头人，在结构程序设计理论、程序语言、形式文法、汉字信息处理、软件工程等方面均有卓越建树。唐稚松先生一生始终面向国家重大需求开展科学研究，先生求真务实，以前瞻性的眼光不断开拓创新，身先示范并培养了大批计算机科学和软件理论方面的优秀人才，为研究所的发展、为中国计算机科学技术的进步做出了突出的贡献。

学习目标

知识目标

- 了解Java语言的发展简史；

- 了解Java的3个技术平台；
- 掌握Java程序的开发步骤；
- 熟练掌握Eclipse工作环境；
- 熟练掌握Java程序的基本结构；
- 熟练掌握输出语句的两种方法；
- 熟练掌握转义字符的应用；
- 熟练掌握三种注释语句。

能力目标

- 能够正确配置Java开发环境；
- 能够在官网准确下载并安装JDK和Eclipse；
- 会使用Eclipse开发Java项目；
- 能够根据实际问题，恰当地使用输出语句；
- 能够灵活运用转义字符控制界面的输出格式；
- 能够在程序中合理使用注释语句；
- 能够熟练开发第一个Java程序。

素质目标

- 培养学习者对信息加工、总结、归纳等的能力；
- 培养学习者良好的团队合作能力和抗压能力；
- 培养学习者正确的代码规范、行业规范；
- 培养学习者守时、求是、求知的职业道德；
- 增强学习者的创新精神、创造意识和创业能力；
- 培养学习者探索未知的使命感；
- 培养学生诚实守信、不侵犯他人利益，保护知识产权的意识；
- 激发学习者科技报国的家国情怀和使命担当。

任务1 搭建 Java 开发环境

视频

Java的起源与特点

任务描述

要想进行“3X购物管理系统”的界面设计，先要进行开发环境的搭建。通过完成本任务，使学生掌握如何下载并安装JDK，掌握JDK的环境配置。

知识链接

1. 什么是Java

计算机语言（Computer Language）是人与计算机之间通信的语言，它主要由一些指令组成，这些指令包括数字、符号和语法等内容，程序员可以通过这些指令指挥计算机进行各种工作。计算机语言的种类非常多，总的来说可以分成机器语言、汇编语言、高级语言三大类。计算机所能识别的语言只有机器语言，但通常人们编程时，不采用机器语言，这是因为机器语言都是由二进制的0和1组成的编码，不便于记忆和识别。目前通用的编程语言是汇编语言和高级语言，汇编语言采用了英文缩写的标识符，容易识别和记忆，它是一种助记符语言；而高级语言是采用接近于人类的自然语言进行编程，进一步简化了程序编写的过程。

Java是一种高级计算机语言，它是由SUN公司（现被甲骨文公司收购）于1995年5月推出的一种可以编写跨平台应用软件、完全面向对象的程序设计语言。Java语言简单易用、安全可靠，自问世以来，与之相关的技术和应用发展得非常快。在计算机、移动电话、家用电器等领域中，Java技术无处不在。

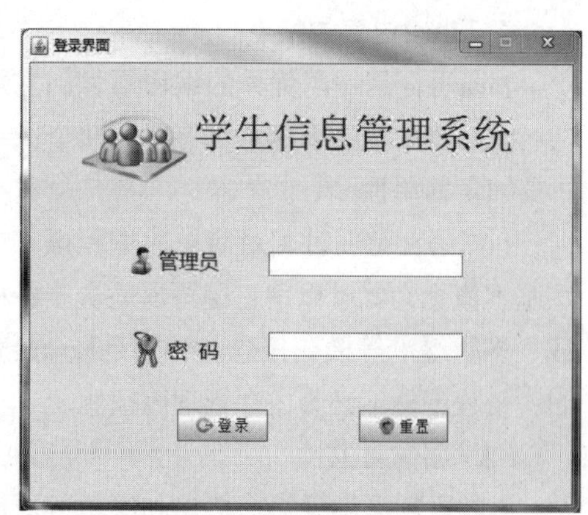

图 1-1 学生信息管理系统

2. Java可以做什么

在计算机软件应用领域中，可以把Java应用分为两种典型类型：

一种是安装和运行在本机上的桌面程序，如学校、政府和企业中常用的各种信息管理系统等，如图1-1所示。

另一种是通过浏览器访问的面向Internet的应用程序，如网上查询 、网上商城系统等，如图1-2所示。

教务网络管理系统

承担课程

学年学期 2017-2018学年第一学期

讲授/上机

序号	承担单位	课程	学分	总学时	讲授学时	实验学时	上机学时	其他学时	周学时	周次	单双周	授课方式	上课班号
1	动漫设计与制作教研室	[038750]使用JQuery快速高效制作网页	4.5	65.0	28.0	0.0	37.0	0.0	5.0	1-13		讲授	001
2	动漫设计与制作教研室	[038751]使用JSP/Servlt技术开发新闻发布系统	5.5	78.0	28.0	0.0	50.0	0.0	6.0	1-13		讲授	001
3	计算机软件技术教研室	[038765]使用Java理解程序逻辑	4.5	72.0	36.0	0.0	36.0	0.0	6.0	4-15		讲授	001
4	计算机软件技术教研室	[038766]使用HTML语言和CSS开发商业站点	3.5	60.0	24.0	0.0	36.0	0.0	5.0	4-15		讲授	001

图 1-2 教务网络管理系统

除此之外，Java还能够做出非常吸引人的图像效果。

3. Java技术平台

目前针对不同的开发市场，SUN公司将Java划分为3个技术平台，分别是Java SE、Java EE和Java ME，如图1-3所示。

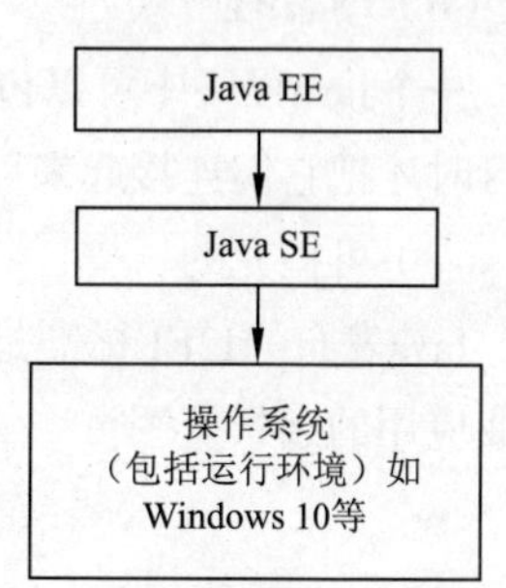

图 1-3 Java SE 和 Java EE 版本

Java SE（Java Platform Standard Edition）标准版，是为开发普通桌面和商务应用程序提供的解决方案。Java SE是这3个平台中最核心的部分，Java EE和Java ME都是从Java SE的基础上发展而来的，Java SE平台中包括了Java最核心的类库，如集合、IO、数据库连接以及网络编程等。

Java EE（Java Platform Enterprise Edition）企业版，是为开发企业级应用程序提供的解决方案。Java EE可以看作一个技术平台，该平台用于开发、装配以及部署企业级应用程序，其中主要包括Servlet、JSP、JavaBean、JDBC、EJB、Web Service等技术。

Java ME（Java Platform Micro Edition）小型版，是为开发电子消费产品和嵌入式设备提供的解决方案。Java ME主要用于小型数字电子设备上软件程序的开发。例如，为家用电器增加智能化控制和联网功能，为手机增加新的游戏和通信录管理功能。此外，Java ME提供了HTTP等高级Internet协议，使用移动电话能以Client/Server方式直接访问Internet的全部信息，提供最高效率的无线交流。

4. Java语言的特点

Java语言是一门优秀的编程语言，它之所以应用广泛，受到大众的欢迎，是因为它有众多突出的特点，其中最主要的特点有以下几个：

（1）简单性

Java语言是一种相对简单的编程语言，它通过提供最基本的方法完成指定的任务，只需理解一些基本概念，就可以用它编写出适合于各种情况的应用程序。Java丢弃了C++中很难理解的运算符重载、多重继承等模糊概念。特别是Java语言不使用指针，而是使用引用，并提供了自动垃圾回收机制，使程序员不必为内存管理而担忧。

（2）面向对象性

Java语言提供了类、接口和继承等原语，为了简单起见，只支持类之间的单继承，但支持接口之间的多继承，并支持类与接口之间的实现机制（关键字为implements）。Java语言全面支持动态绑定，而C++语言只对虚函数使用动态绑定。总之，Java语言是一个纯粹的面向对象程序设计语言。

（3）安全性

Java语言不支持指针，一切对内存的访问都必须通过对象的实例变量来实现，从而使应用更安全。

（4）跨平台性

Java语言编写的程序可以运行在各种平台上，也就是说同一段程序既可以在Windows操作系统上运行，也可以在Linux操作系统上运行。

（5）支持多线程

Java语言是支持多线程的。所谓多线程可以简单理解为程序中有多个任务可以并发执行，这样可以在很大程度上提高程序的执行效率。

（6）动态的

一个Java程序中可以包含不同人员编写的多个模块，这些模块可能会遇到一些变化，由于Java在运行时才把它们连接起来，这就避免了因模块代码变化而引发的错误。

（7）可扩充的

Java发布的J2EE标准是一个技术规范框架，它规划了一个利用现有和未来各种Java技术整合解决企业应用的远景蓝图。

任务实施

要使用Java开发程序就必须先建立Java开发环境。这里使用Sun公司的Java开发工具箱JDK（Java Development Kit），它是免费的，可到http://www.oracle.com网站免费下载。

潜移默化、润物无声

注意：在这里倡议大家遵守网络文明公约（见图1-4），安全上网，防范网络诈骗。

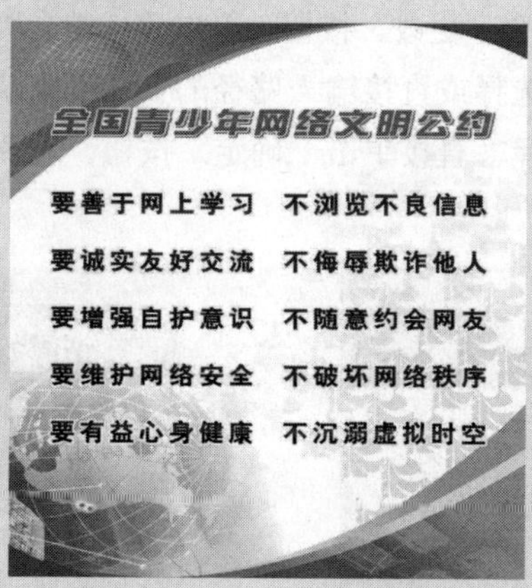

图 1-4　全国青少年网络文明公约

下面在Microsoft Windows操作系统平台上安装JDK，搭建Java开发环境。

视 频

JDK的下载、安装及配置

一、下载并安装 JDK

① 这里以jdk1.8.0_161版本为例，从http://www.oracle.com网站上下载安装文件jdk-8u161-windows-i586.exe。双击安装文件jdk-8u161-windows-i586.exe，弹出安装窗口，如图1-5所示。

② 单击“下一步”按钮，弹出图1-6所示对话框。

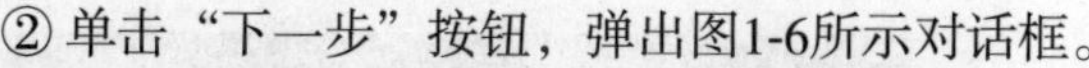

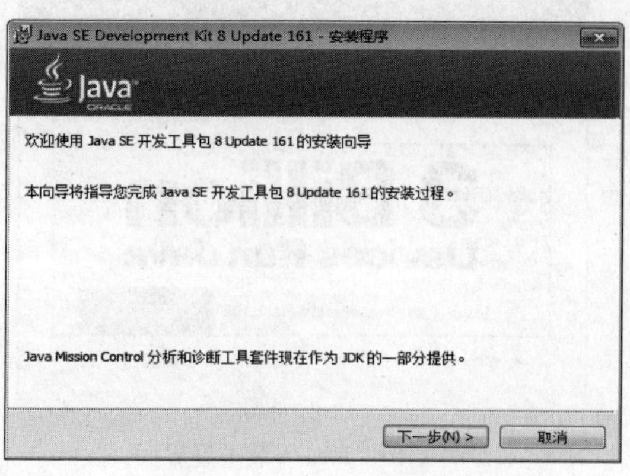

图 1-5　JDK8.0 安装界面

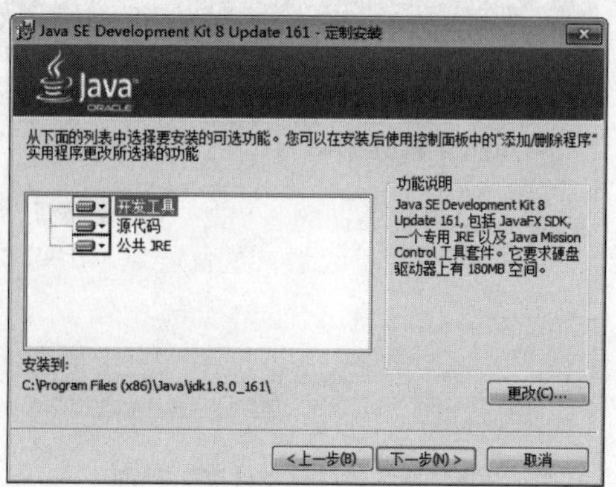

图 1-6　自定义安装功能和路径

在图1-6所示自定义安装功能和路径界面左侧有三个功能模块可供选择，开发人员可根据自己的需求选择所要安装的模块，单击某个模块，在界面右侧会出现对该模块功能的说明，具体如下：

- 开发工具：是JDK中的核心功能模块，其中包含一系列可执行程序，如javac.exe、java.exe等，还包含了一个专用的JRE环境。
- 源代码：是Java提供公共API类的源代码。
- 公共JRE：是Java程序的运行环境。由于开发工具中已经包含了一个JRE，因此没有必要再安装公共的JRE环境，此项可以不作选择。

③ 在图1-7所示界面右侧有一个“更改”按钮，单击该按钮会弹出选择安装目录界面。

通过单击“更改”按钮进行选择或直接输入路径的方式确定JDK的安装目录，这里采用默认安装目录，因此，这里可以不作选择，直接单击“确定”按钮，返回到图1-7，单击“下一步”按钮，开始JDK的安装，如图1-8所示。

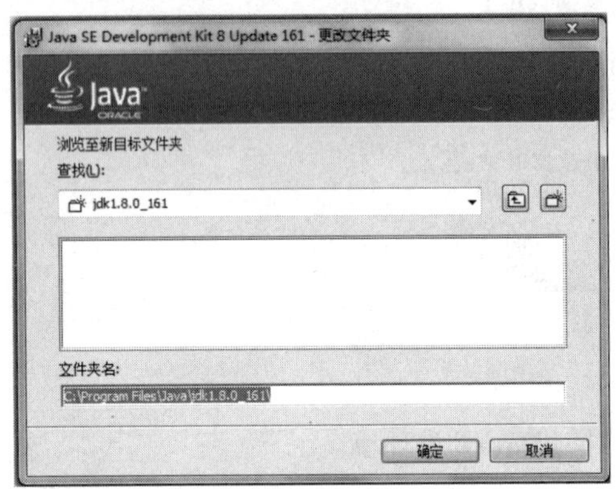

图 1-7　更改 JDK 的安装目录

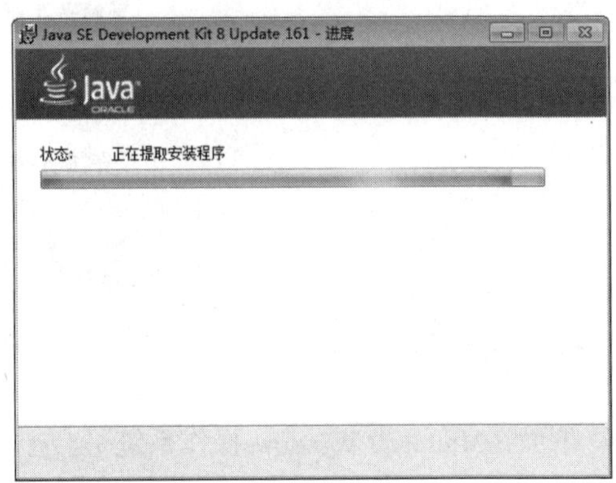

图 1-8　JDK 安装进度

④ 图1-8完成以后，进入“目标文件夹”界面，如图1-9所示。

⑤ 如果想更改安装路径，单击“更改”按钮，将Java安装到其他文件夹中。在此，不作更改，单击“下一步”按钮，进入“Java安装进度界面”，如图1-10所示。

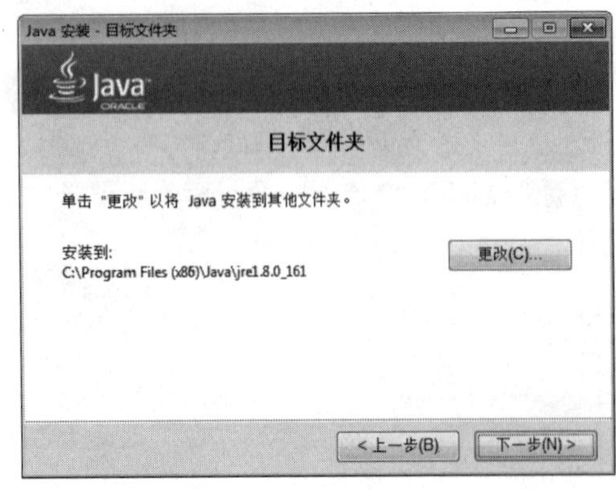

图 1-9　“目标文件夹”界面

图 1-10　Java 安装进度界面

⑥ 进度完成，进入“JDK安装成功界面”，如图1-11所示。

单击“关闭”按钮，关闭当前窗口，完成JDK安装。

JDK安装完毕后，打开JDK安装目录，如图1-12所示。

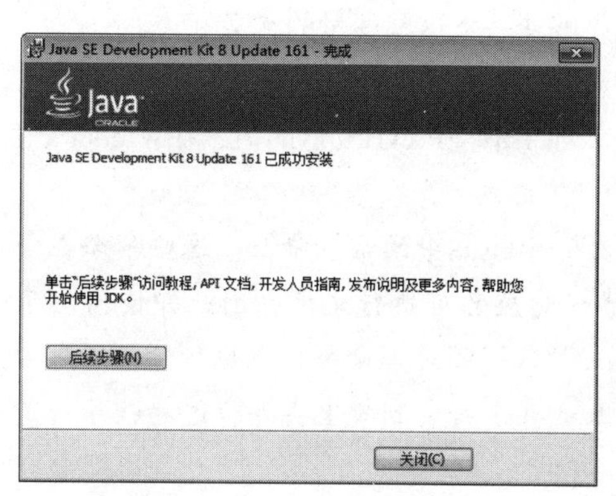

图 1-11　JDK 安装成功界面

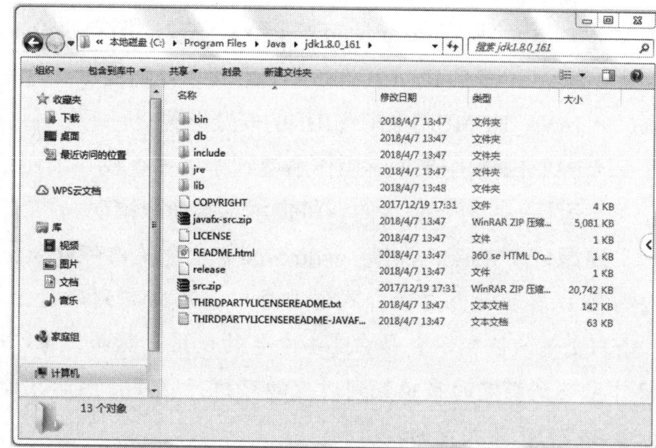

图 1-12　JDK 安装目录

下面了解一下JDK安装目录下各个子目录的意义和作用。

- bin目录：该目录用于存放一些可执行程序，如javac.exe（Java编译器）、java.exe（Java运行工具）、jar.exe（打包工具）和javadoc.exe（文档生成工具）等。
- db目录：db目录是一个小型的数据库。从JDK 6.0开始，Java中引入了一个新的成员JavaDB，这是一个纯 Java 实现、开源的数据库管理系统。这个数据库很轻便，且支持JDBC 4.0所有的规范，在学习JDBC时，不再需要额外安装一个数据库软件，选择直接使用JavaDB即可。
- jre目录：jre是Java Runtime Enviroment的缩写，意为Java程序运行时环境。此目录是Java运行时环境的根目录，它包含Java虚拟机，运行时的类包、Java应用启动器以及一个bin目录，但不包含开发环境中的开发工具。
- include目录：由于JDK是通过C和C++实现的，因此在启动时需要引入一些C语言的头文件，该目录就是用于存放这些头文件的。
- lib目录：lib是library的缩写，意为Java类库或库文件，是开发工具使用的归档包文件。
- src.zip文件：src.zip为src文件夹的压缩文件，src中放置的是JDK核心类的源代码，通过该文件可以查看Java基础类的源代码。

值得一提的是，在JDK的bin目录下放着很多可执行程序，其中最重要的就是javac.exe和java.exe，分别如下：

- javac.exe是Java编译器工具，它可以将编写好的Java文件编译成Java字节码文件（可执行的Java程序）。Java源文件的扩展名为.java，如“HelloWorld.java”。编译后生成对应的Java字节码文件，文件的扩展名为.class，如“HelloWorld.class”。
- java.exe是Java运行工具，它会启动一个Java虚拟机（JVM）进程，Java虚拟机相当于一个虚拟的操作系统，它专门负责运行由Java编译器生成的字节码文件（.class文件）。

通过安装JDK，已经搭建好了Java开发环境。

二、配置环境变量

环境变量是指在操作系统中用来指定操作系统运行环境的一些参数，比如临时文件夹位置和系统文件夹位置等。环境变量相当于给系统或应用程序设置的一些参数。与JDK或JRE的使用有关的是JAVA_HOME、PATH、CLASSPATH等几个环境变量。这里先解释一下这些变量的含义：

- JAVA_HOME用来配置JDK的安装路径。
- PATH变量用来告诉操作系统到哪里去查找一个命令。如果清空PATH变量的值，在Windows中运行一个外部命令时，将提示未知命令错误。

注意： 在Windows中，如dir、cd等命令是内部命令，类似于DOS中的常驻命令。这些命令在命令行窗口启动时会自动加载到内存中，不需要到磁盘上寻找对应的可执行文件，因此即使清空了PATH变量的值也不会影响这些命令的使用。然而，像“java”这样的外部命令，在执行时必须先由操作系统到指定的目录找到对应的可执行程序，然后才能加载并运行。到哪里去寻找这些程序就是依靠PATH变量指定的。

- CLASSPATH是编译或运行Java程序时用来告诉Java编译器或虚拟机到哪里查找Java类文件的。

下面以Windows 7为例来搭建Windows的环境变量。

① 右击桌面上的“计算机”图标，依次选择“属性”→“高级系统设置”→“高级”→“环境变量”选项，打开“环境变量”对话框，如图1-13～图1-15所示。

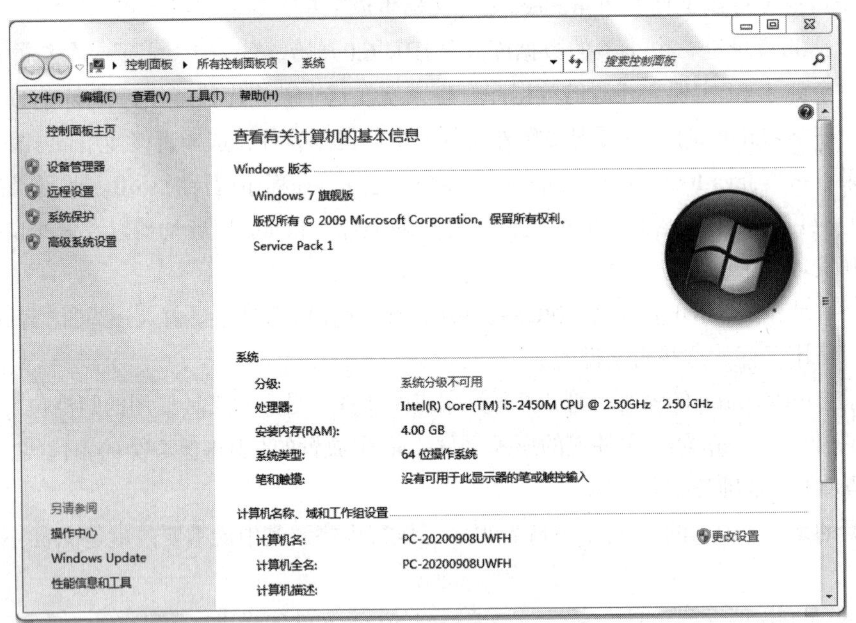

图 1-13 “系统”窗口

② 在“环境变量”对话框的“系统变量”区域下方单击“新建”按钮，弹出“新建系统变量”对话框，如图1-16所示。

③ 在“变量名”文本框中输入变量名“Path”，在“变量值”文本框中输入“C:\Program Files (x86)\Java\jdk1.8.0_161\bin”，单击“确定”按钮，这样“Path”路径就设置好了，如图1-17所示。

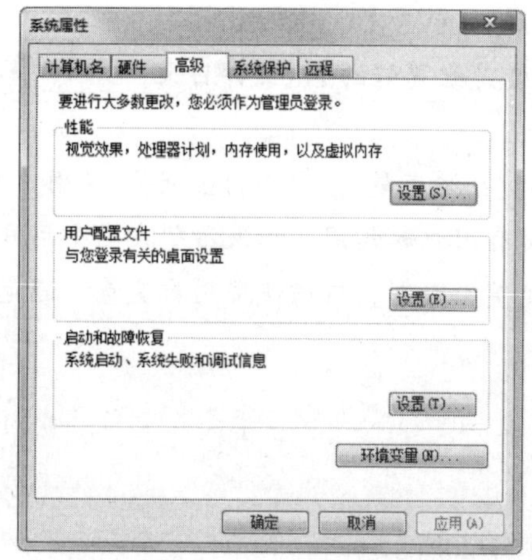

图1-14　“系统属性”对话框

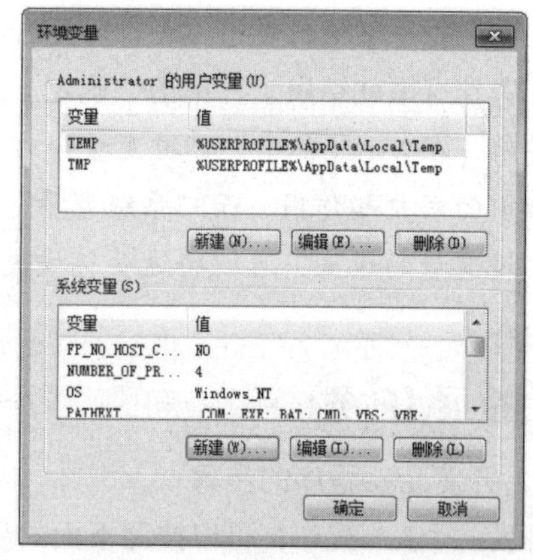

图1-15　“环境变量”对话框

图1-16　“新建系统变量”对话框

图1-17　设置“Path”路径

注意：设置“Path”变量可以使系统在任何路径下都可以识别到Java命令。

④ 同理，单击“系统变量”区域下方的“新建”按钮，弹出“新建系统变量”对话框，在“变量名”文本框中输入变量名“CLASSPATH”，该变量的含义为Java加载Jar包的路径，其中tools.jar和dt.jar最为常用。在“变量值”文本框中输入“.;C:\Program Files(x86)\Java\jdk1.8.0_161\lib\dt.jar;C:\Program Files(x86)\Java\jdk1.8.0_161\lib\tools.jar;”，如图1-18所示。

⑤ 单击“确定”按钮，这样“CLASSPATH”路径就设置好了。

⑥ 大家是不是感觉路径比较长，看起来很啰唆。可以再设置一个变量“JAVA_HOME”，给“JAVA_HOME”变量值设置为JDK的安装路径，即“C:\Program Files (x86)\Java\jdk1.8.0_161”，如图1-19所示。

图1-18　设置“CLASSPATH”路径

图1-19　设置“JAVA_HOME”路径

⑦ 单击“确定”按钮，这样“JAVA_HOME”路径就设置好了。

这样，就可以把“Path”的变量值改为：“%JAVA_HOME%\bin;%JAVA_HOME%\jre\bin;”；把

"CLASSPATH"的变量值改为:".;%JAVA_HOME%\lib\dt.jar;%JAVA_HOME%\lib\tools.jar;"。

注意: 每个环境变量用";"隔开,其中JAVA_HOME是配置好的JDK文件目录。

配置到这里就结束了,单击"确定"按钮保存。

注意: 在Windows中,环境变量分为"用户变量"和"系统变量",它们的区别是,"用户变量"只对当前的用户起作用,而"系统变量"则对系统中的所有用户起作用。如果希望在多个用户之间共享环境变量的设置,可以将这些环境变量设置为系统变量,否则,应该使用用户变量,避免影响其他用户。

拓展任务

1. 开发Java程序的步骤

开发一个Java程序,可以按照下面的步骤来执行,如图1-20所示。

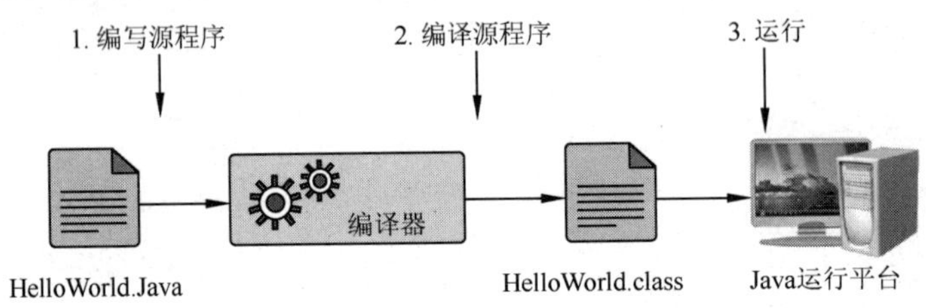

图 1-20 Java 程序开发过程

步骤1:用记事本编写Java源程序,生成的文件扩展名为.java文件,.java文件是不能直接执行的,需要通过后续的编译等处理才能变为可执行程序。

步骤2:通过编译器编译,生成一个扩展名为.class的文件,称为字节码文件。

步骤3:运行,在Java平台上运行生成的字节码文件(.class),就可以看到运行结果。

2. 使用记事本开发Java程序

有了JDK的支持,使用记事本就可以编写Java源程序。使用记事本开发Java程序的步骤如下:

步骤1:先查看计算机是否设置为显示已知文件扩展名。如果没有,要先设置一下。双击"计算机"图标,在打开的窗口中选择"工具"→"文件夹选项"→"查看"命令,在"高级设置"区域找到并取消勾选"隐藏已知文件类型的扩展名"复选框,如图1-21所示。

步骤2:在D盘下新建一个文件夹,命名为"JavaProgram",双击打开文件夹,在空白处右击,在弹出的快捷菜单中选择"新建"→"文本文档"命令,如图1-22所示,命名为"HelloWorld",并将文本文档的扩展名改为".java"。

步骤3:双击"HelloWorld.java"文档,在文档内输入Java源程序,如图1-23所示。

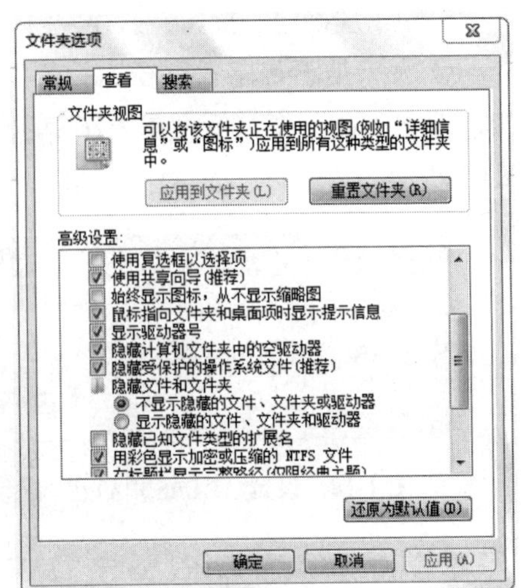

图 1-21 文件夹选项中的"查看"选项卡

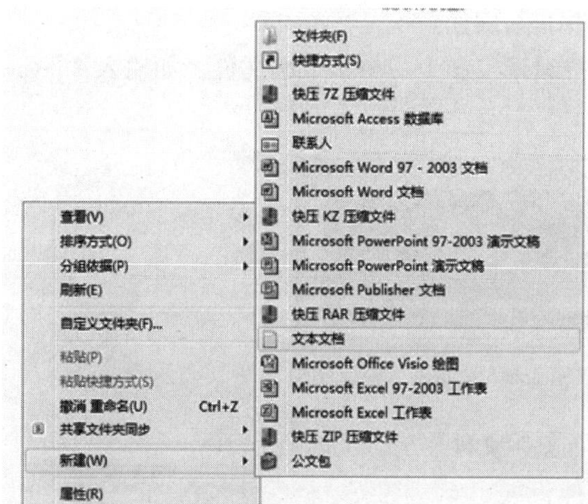

图 1-22 新建“文本文档”

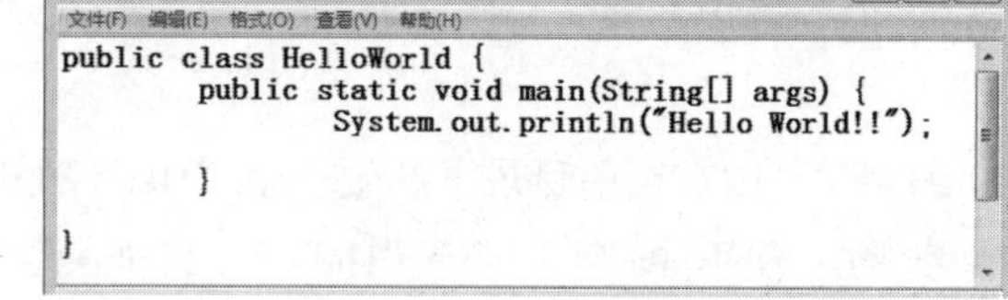

图 1-23 “HelloWorld.java”源程序

编写好程序后，选择“文件”→“保存”命令。

注意：如果开始没有给文件命名，则选择“文件”→“另存为”命令，弹出“另存为”对话框。选择“保存类型”为“所有文件”，在“文件名”文本框中输入“HelloWorld.java”，单击“保存”按钮，如图1-24所示。

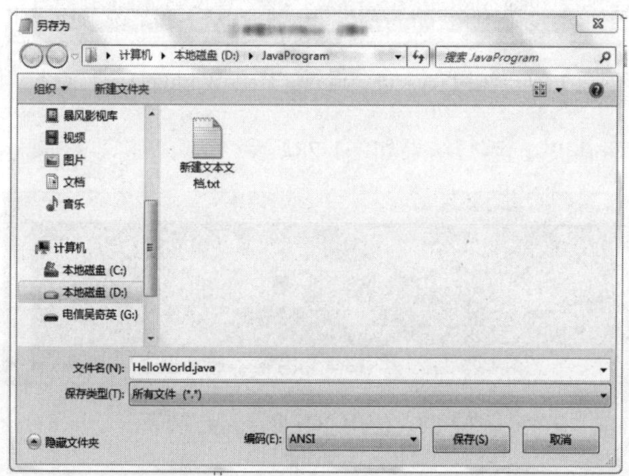

图 1-24 “另存为”对话框

步骤4：源程序编写好后，选择“开始”→“所有程序”→“附件”→“命令提示符”命令，打开DOS命令窗口，如图1-25所示。

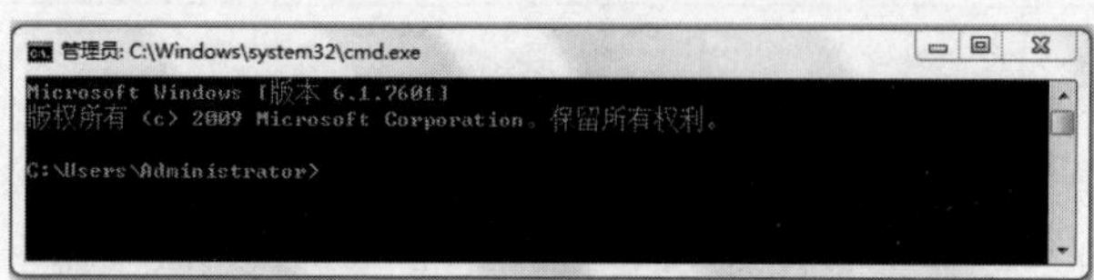

图 1-25 DOS 命令窗口

步骤5：使用javac命令对“HelloWorld.java”源程序进行编译。

在命令窗口中，使用javac命令对Java源程序进行编译，产生一个字节码文件。如输入“javac HelloWorld.java”，按【Enter】键，如图1-26所示。

图 1-26　使用 javac 命令编译“HelloWorld.java”源程序

编译后，则在当前目录下产生一个“HelloWorld.class”文件。

步骤6：使用java命令运行“HelloWorld.class”文件。

注意： 运行时，不能加扩展名“.class”。

在命令窗口中，使用java命令运行编译后生成的字节码文件（.class），就可以输出程序结果。如输入“java HelloWorld”，按【Enter】键，如图1-27所示。

图 1-27　使用 java 命令运行“HelloWorld.class”文件

就可以输出“Hello World!!”，运行结果如图1-28所示。

图 1-28　使用 java 命令运行结果

以上就是使用记事本开发Java程序的过程。

任务 2　利用 Eclipse 软件开发 Java 项目

任务描述

通过本任务，要求学生掌握下载并安装Eclipse软件；掌握Eclipse工作空间的切换；掌握Eclipse工作界面的操作；会使用Eclipse软件开发Java项目。

例如，使用Eclipse软件开发Java项目，在控制台输出“Hello,World!!!”。

运行结果如图1-29所示。

图1-29 在控制台输出“Hello,World!!!”

潜移默化、润物无声

倡议：我们使用软件一定要到官方网站下载，倡议大家“支持正版，拒绝盗版软件”。自2001年起将每年的4月26日定为“世界知识产权日”（见图1-30），目的是：在世界范围内，树立尊重知识、崇尚科学和保护知识产权的意识，营造鼓励知识创新和保护知识产权的法律环境。

图1-30 保护知识产权

Eclipse软件的官方网址：https://www.eclipse.org。

Eclipse的下载安装及配置过程可扫描二维码在线学习。

视频

Eclipse的下载、安装及配置

知识链接

1. Java程序的结构

前面所举的例子是一段简单的Java代码，作用是向控制台输出“Hello, World!!!”信息。下面分析一下程序各个组成部分的意义。

（1）编写程序外框架

```
public class HelloWorld{

}
```

其中，HelloWorld为类的名称，它要和Java程序文件的名称保持一致。类名前面要用public（公共的）和class（类）两个词来修饰，它们的先后顺序不能颠倒，中间要用空格分隔。类名后面跟一对大括号“{}”，所有属于这个类的代码都放在这对大括号中。

视频

开发第一个Java程序

（2）编写main()方法的框架

```
public static void main(String[] args){

}
```

main()方法有什么作用呢？正如一座高楼大厦，不管有多高、有多少层楼，都要有一个进入大楼的门，即入口处。程序也是一样的，也要有一个固定的入口位置，才能开始执行。在程序中把它称为“程序运行的入口”。而main()方法正是Java程序的入口，是所有Java应用程序的起始点。没有main()方法，计算机就不知道该从哪里开始执行程序。

注意：一个程序只能有一个main()方法，即只能有一个入口地址。

在编写main()方法时，要求按照上面的格式和内容进行书写，main()方法前面使用public、static、void来修饰，它们都是必需的，缺一不可。而且顺序不能改变，中间用空格分隔。另外，main后面紧跟的小括号“( )”和其中的内容“String[] args”必不可少，其中“String[] args”也可以写成“String args[]”，即中括号“[ ]”可前可后。

main()方法后面也有一对大括号“{ }”，计算机执行的指令都写在“{ }”中。

【例1-1】测试main()方法参数传递的实例，如图1-31所示。

```
TestParameter.java
public class TestParameter {
    public static void main(String[] args) {
        // 测试main()方法参数
        System.out.println(args[0]);
        System.out.println(args[1]);
        System.out.println(args[2]);
        System.out.println(args[3]);
        System.out.println(args[4]);
    }
}
```

图 1-31　测试 main() 方法参数的源代码

右击“TestParameter.java”文件图标，在弹出的快捷菜单中选择“Run As”→“Run Configuration”命令，弹出“Run Configuration”对话框，如图1-32所示。在“Arguments”选项卡的“Program arguments”文本框中输入“Hello Welcome to Java World!”。

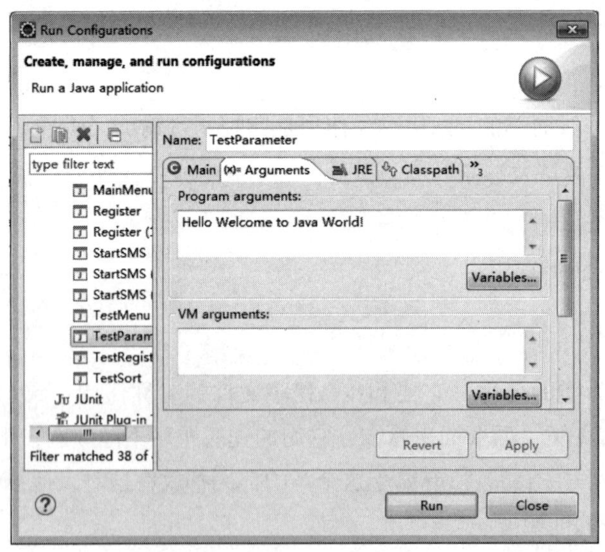

图 1-32　main() 方法参数配置窗口

注意：参数之间使用空格隔开，多个空格则被忽略。

单击“Run”按钮运行程序，运行结果如图1-33所示。

Console
<terminated> TestParameter [Java Application] C:\Java\jre1.8.0_181\bin\javaw.
Hello
Welcome
to
Java
World!

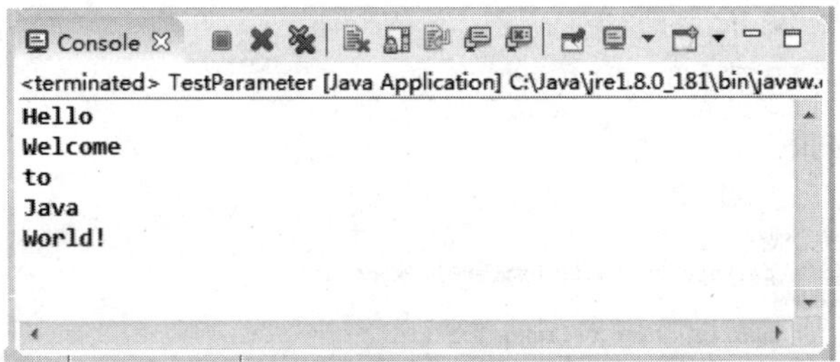

图 1-33　运行结果

（3）编写代码

```
System.out.println("Hello, World!!");
```

这一行代码的作用是向控制台输出小括号“()”中的信息，即输出“Hello, World!!”。System.out.println();语句可以向控制台输出信息。print的含义是“打印”，ln可以看作line（行）的缩写，println可以理解为打印输出并换行，语句的快捷方式是先输入“syso”，然后按【Alt+/】组合键。

实现向控制台输出打印的功能，有两种方法：一种是使用“System.out.println()”语句；另一种是使用“System.out.print()”语句。这两个语句的区别是：“System.out.println()”语句在打印完双引号（""）中的信息后会自动换行；“System.out.print()”语句在打印完信息后不会自动换行。

例如：

代码段1：

```
System.out.println("你好，");
System.out.println("我叫王红。");
```

完整代码如图1-34所示。

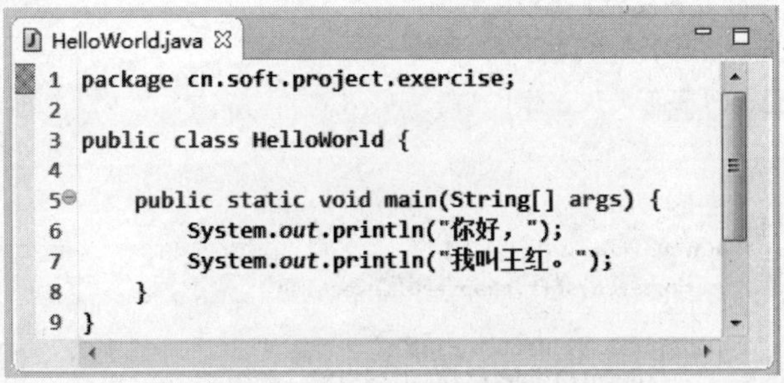

HelloWorld.java
package cn.soft.project.exercise;
public class HelloWorld {
public static void main(String[] args) {
System.out.println("你好，");
System.out.println("我叫王红。");
}
}

图 1-34　“System.out.println()”语句

运行结果如图1-35所示。

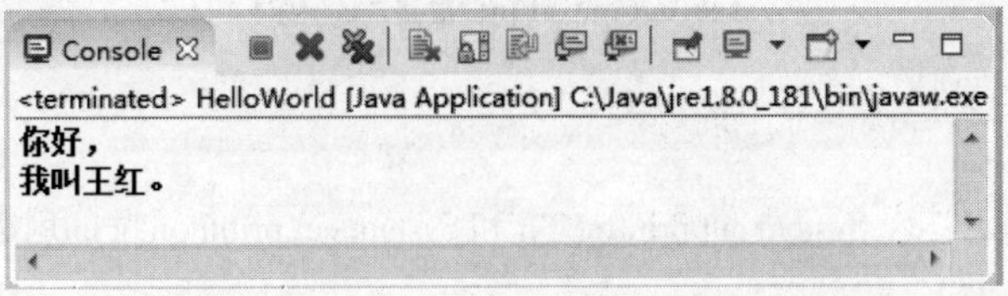

Console
<terminated> HelloWorld [Java Application] C:\Java\jre1.8.0_181\bin\javaw.exe
你好，
我叫王红。

图 1-35　“System.out.println()”语句运行结果

代码段2：

```
System.out.print("你好，");
System.out.print("我叫王红。");
```

完整代码如图1-36所示。

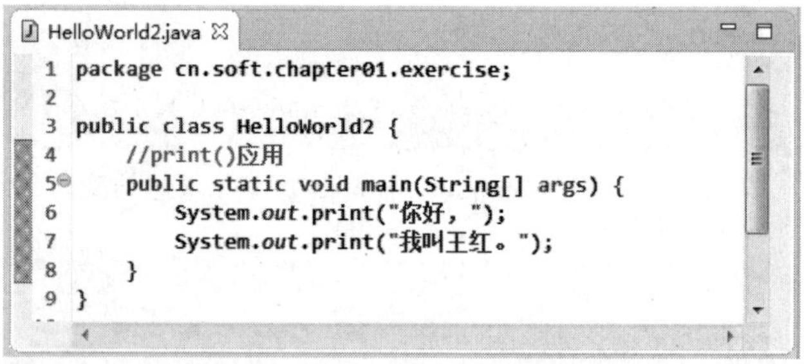

```
HelloWorld2.java
package cn.soft.chapter01.exercise;

public class HelloWorld2 {
    //print()应用
    public static void main(String[] args) {
        System.out.print("你好，");
        System.out.print("我叫王红。");
    }
}
```

图 1-36 “System.out.print()”语句

运行结果如图1-37所示。

```
Console
<terminated> HelloWorld2 [Java Application] C:\Java\jre1.8.0_181\bin\javaw.exe (2018
你好，我叫王红。
```

图 1-37 “System.out.print()”语句运行结果

再来看代码段3：

```
System.out.print("你好，");
System.out.println("");
System.out.print ("我叫王红。");
System.out.print("\n");
System.out.println("很高兴认识你！");
```

完整代码如图1-38所示。

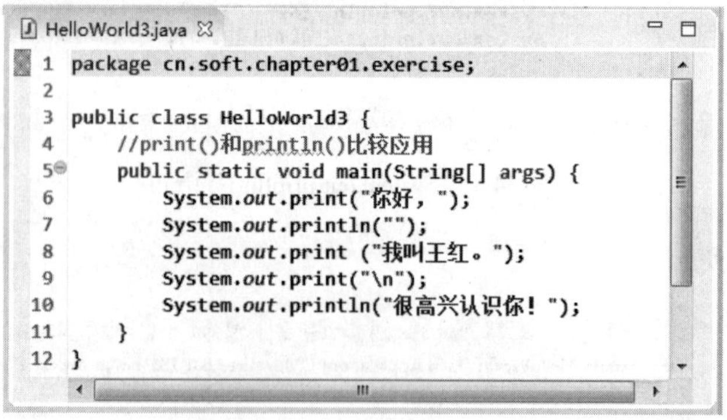

```
HelloWorld3.java
package cn.soft.chapter01.exercise;

public class HelloWorld3 {
    //print()和println()比较应用
    public static void main(String[] args) {
        System.out.print("你好，");
        System.out.println("");
        System.out.print ("我叫王红。");
        System.out.print("\n");
        System.out.println("很高兴认识你！");
    }
}
```

图 1-38 System.out.println(""); 和 System.out.print("\n"); 的用法

运行结果如图1-39所示。

图 1-39　System.out.println(""); 和 System.out.print("\n"); 的运行结果

由此可知，System.out.println("");和System.out.print("\n");都可以达到换行的效果。

使用Eclipse开发Java程序的步骤如下：

① 双击桌面上的图标，启动Eclipse开发工具，如图1-40所示。

② 启动完成后，会弹出一个对话框，提示选择工作空间（Workspace），如图1-41所示。

图 1-40　启动 eclipse

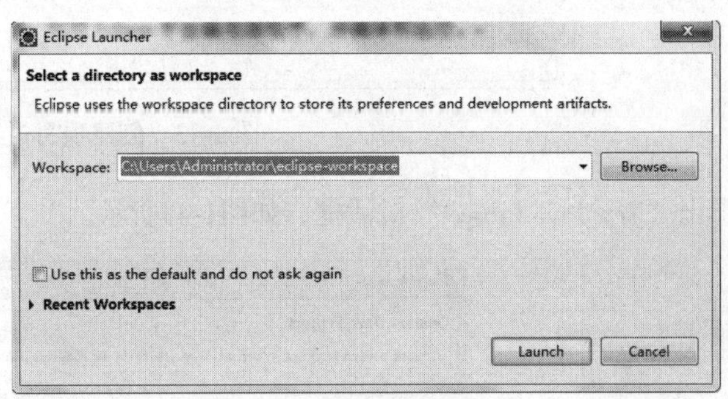

图 1-41　选择工作空间对话框

工作空间用于保存所创建的项目，可以使用其默认路径，也可以单击“Browse”按钮更改路径，工作空间设置完成后，单击“Launch”按钮即可弹出“Java-Eclipse”主界面，如图1-42所示。

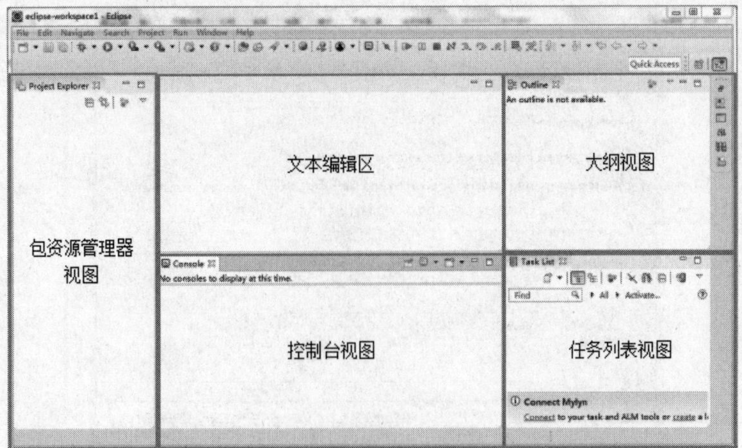

图 1-42　Eclipse 主界面

③ 创建Java项目。在Eclipse窗口中选择“File”→“New”→“Java Project”命令，如图1-43所示。

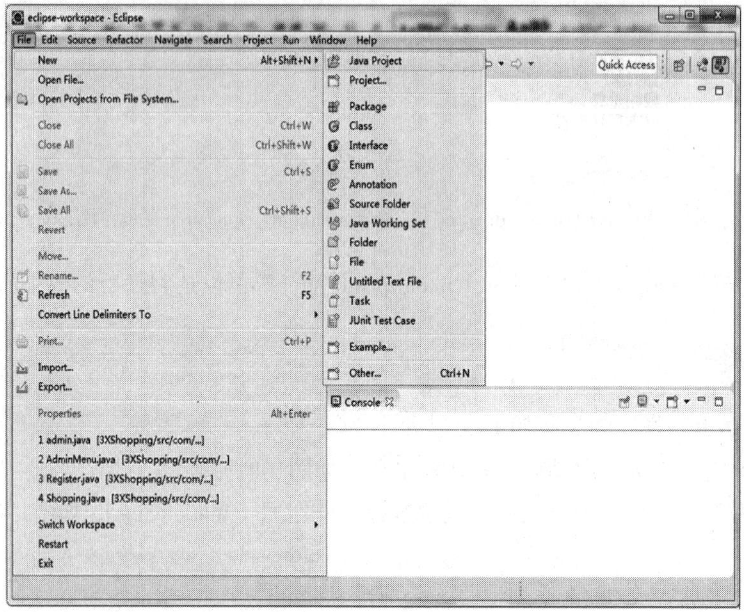

图 1-43 创建项目过程

弹出“New Java Project”对话框，如图1-44所示。

图 1-44 “New Java Project”对话框

在“Project name”文本框中输入项目名称：“chapter01”，在“JRE”区域的“Use an execution environment JRE”下拉列表框中选择“JavaSE-1.8”；在“Project layout”区域选择“Create separate folders for sources and class files”单选按钮，单击“Finish”按钮，即可创建好一个项目。

④ 创建包。

右击“chapter01”项目，在弹出的快捷菜单中选择“New”→“Package”命令，弹出“New Java Package”对话框，如图1-45所示。

图 1-45　“New Java Package”对话框

其中，在“Source folder”文本框中显示项目所在的目录，在“Name”文本框中输入包的名称“cn.soft.chapter01.example”，单击“Finish”按钮，即可创建好一个包，如图1-46所示。

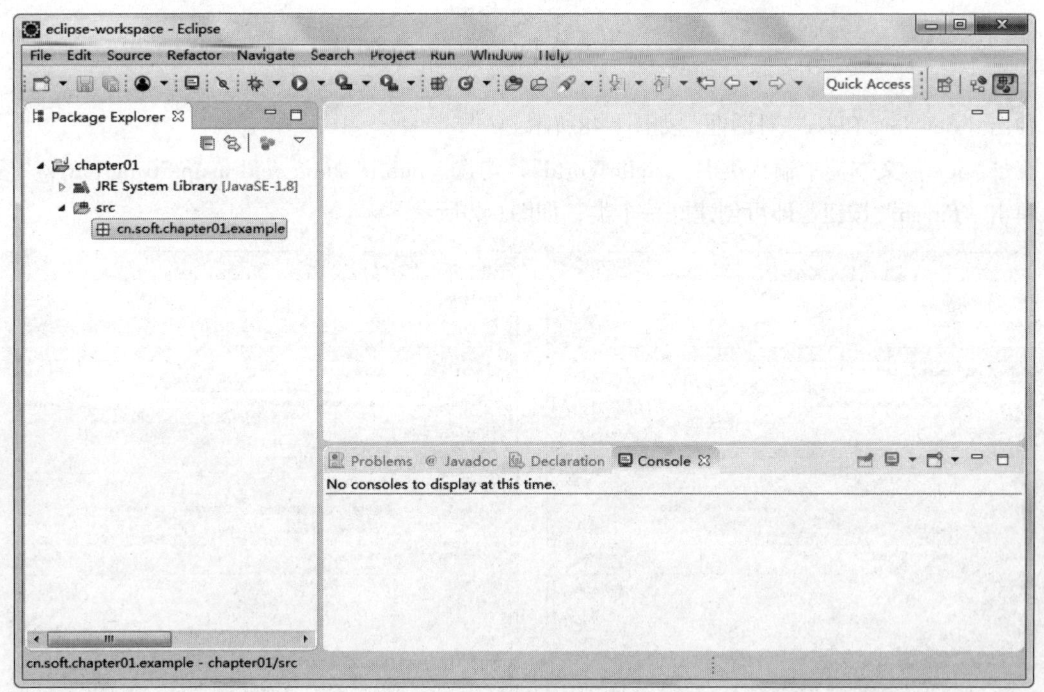

图 1-46　包创建成功

⑤ 创建Java类。右击“cn.soft.chapter01.example”包，在弹出的快捷菜单中选择“New”→“Class”命令，如图1-47所示。

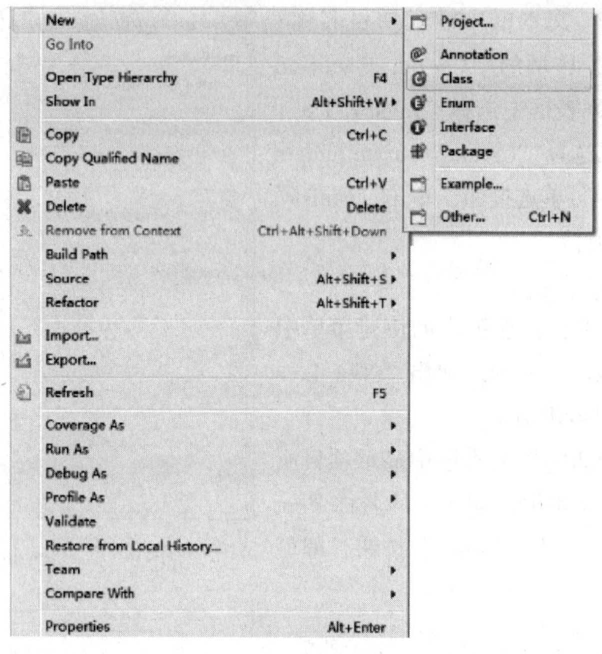

图 1-47 创建 Class 的操作步骤

弹出“New Java Class”对话框，如图1-48所示。

在“Name”文本框中输入类名“HelloWorld”，勾选“public static void main(String[] args)”复选框，单击“Finish”按钮，即可创建好一个类，如图1-49所示。

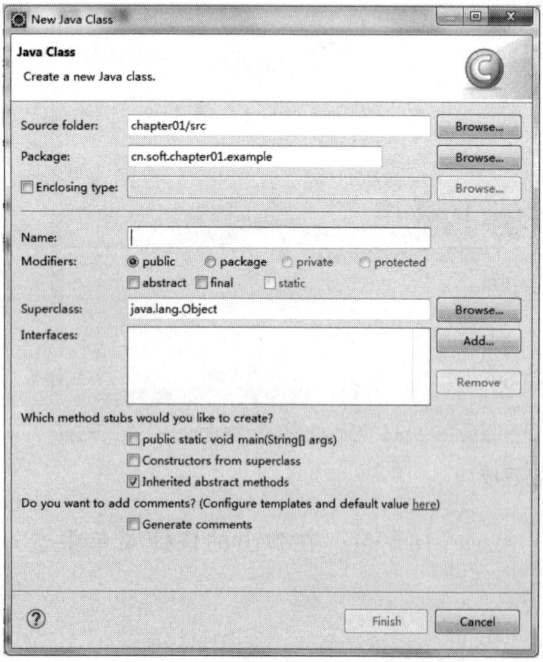

图 1-48 “New Java Class”对话框

图 1-49 在类窗口中输入类名

创建好的类“HelloWorld.java”文件会在编辑区域自动打开，如图1-50所示。

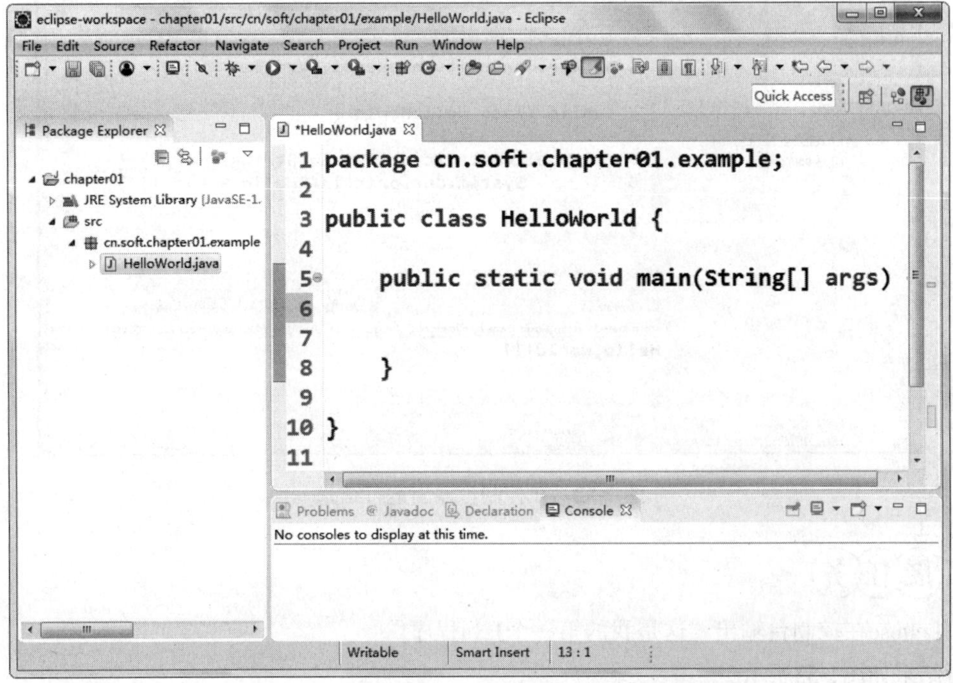

图 1-50　创建好的“HelloWorld.java”结构框架

⑥ 编写源程序。在代码编辑区中输入代码，如图1-51所示。

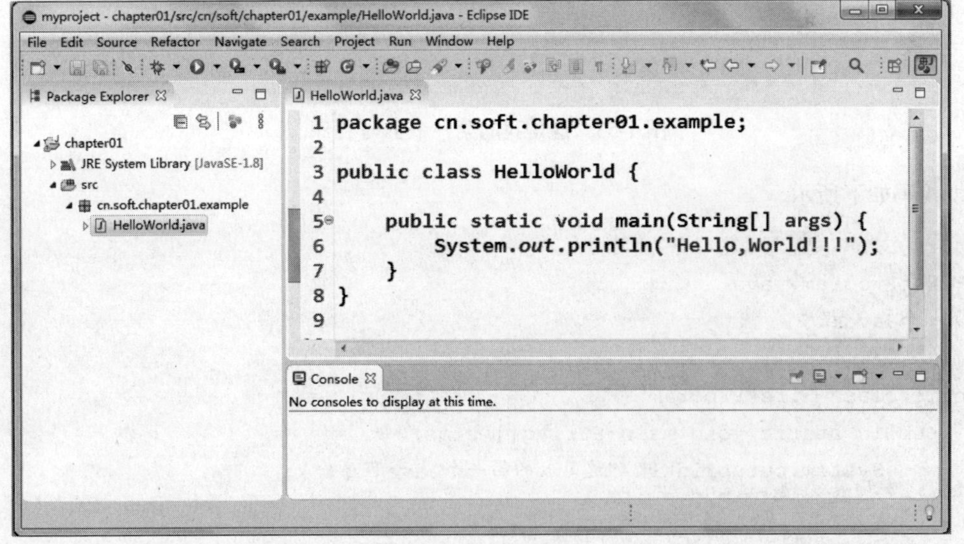

图 1-51　编写源程序

其功能是在控制台输出“Hello，World!!!”，单击“Run”按钮运行程序，如图1-52所示。

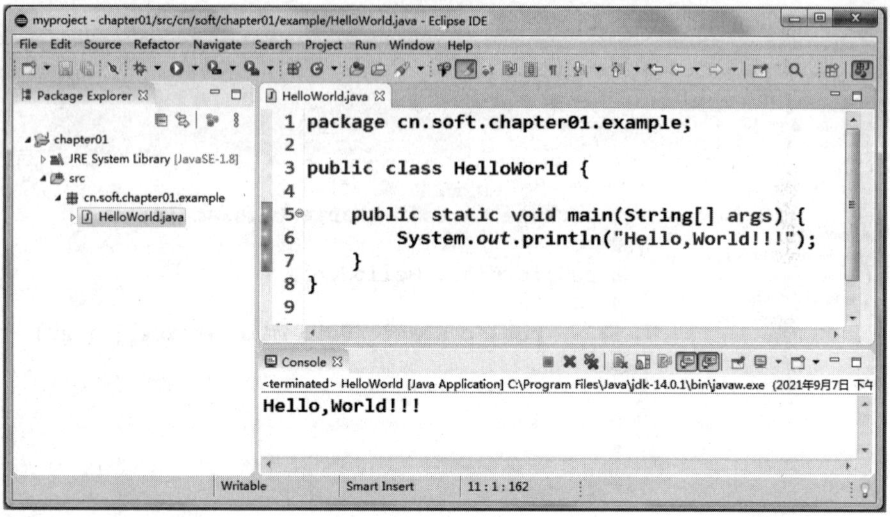

图 1-52　在控制台输出运行结果

拓展任务

使用Eclipse在控制台输出“这是我的第一个Java程序!”

运行结果如图1-53所示。

图 1-53　这是我的第一个 Java 程序!

实现代码如下所示。

```
/**
* FirstProgram.java
* 第一个Java程序
*/
public class FirstProgram {
    public static void main(String[] args) {
        System.out.println("这是我的第一个Java程序!");
    }
}
```

任务3　设计“3X购物管理系统”的主界面

任务描述

视频

设计“3X购物管理系统”的主界面

利用Eclipse开发环境设计“3X购物管理系统”的主界面。

要求在控制台输出以下信息：

“1. 注　册”；

“2. 登　录”；

“3. 退　出”；

“请选择，输入数字(1-3)：”

运行结果如图1-54所示。

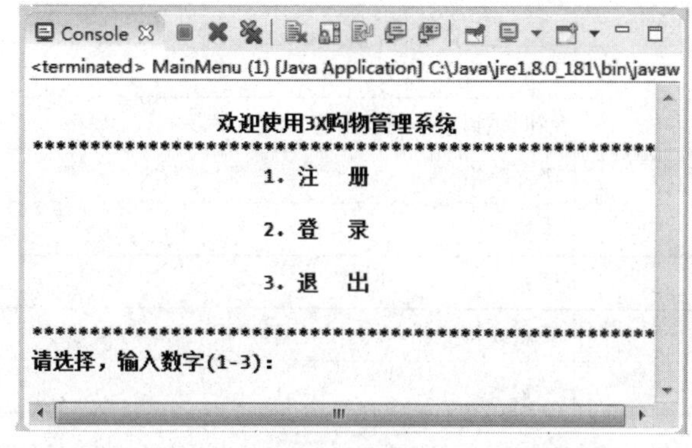

图1-54　“3X购物管理系统”的主界面

潜移默化、润物无声

俗话说“万事开头难”，要想成为一名优秀的程序员，必须具备良好的编码能力、自觉的规范意识和团队精神、求知欲进取心，与时俱进，时时关注最新的IT实用技术。

掌握一套程序设计的思考方法——5W2H分析法，如图1-55所示。

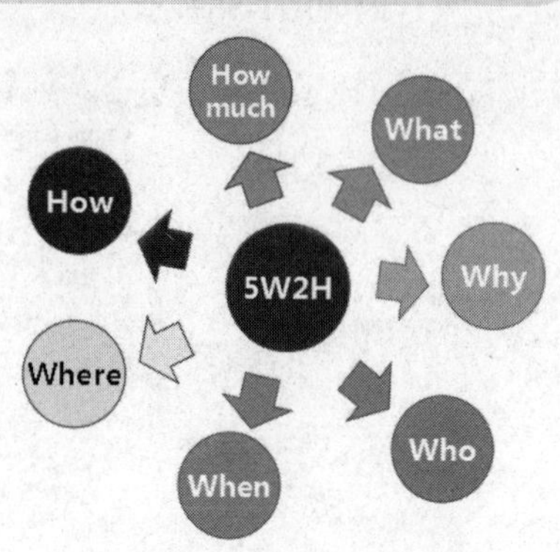

图1-55　“5W2H”分析法

What——做什么？

Why——为什么要做？

Who——由谁来完成？

When——什么时间做？

Where——在哪里做？

How——怎么做？

How much——做到什么程度？数量如何？质量水平如

何？费用产出如何？

这种思考方法可以帮助大家更好地进行项目开发。

一、Java 程序中的转义字符

转义字符是一种特殊的字符常量。它是以反斜线“\”开头，后跟一个或几个字符。它具有特定的含义，不同于字符原有的意义，故称“转义”字符。转义字符主要用来表示那些用一般字符不便于表示的控制代码。例如，上一任务中的“\n”称为转义字符，表示将光标移动到下一行的第一格，即换行。

常用的转义字符及其含义见表1-1。

表 1-1　转义字符及其含义

序　　号	转 义 字 符	含　　义
1	\n	回车换行
2	\t	横向跳到下一制表位置
3	\v	竖向跳格
4	\b	退格
5	\r	回车
6	\\	反斜线符“\”
7	\'	单引号符

下面以常用的转义字符“\t”为例进行详细讲解，它的作用是将光标移动到下一个水平制表位置（一个制表位等于8个空格），即跳格。

代码段4：

```
System.out.println("学号：\t2017010213");
System.out.println("姓名：\t王红");
System.out.println("年龄：\t13");
```

完整代码如图1-56所示。

```
HelloWorld4.java
package cn.soft.chapter01.exercise;

public class HelloWorld4 {
    //转义字符应用
    public static void main(String[] args) {
        System.out.println("学号：\t2017010213");
        System.out.println("姓名：\t王红");
        System.out.println("年龄：\t13");
    }
}
```

图 1-56　转义字符“\t”的应用

程序运行结果如图1-57所示。

图 1-57　使用转义字符“\t”的运行结果

由此可见，转义字符有效地控制了信息的输出，能够设计出更加美观的界面。

二、Java 程序的注释

平时在阅读时，常常在重要内容部分或写得比较精彩的地方做一些标记，或者在书的空白处做一些笔记或批注，目的是在下次阅读时有一个提示信息。通过书上的笔记，就能知道这部分内容讲的是什么、上次是如何理解的等。在编写代码时，也需要使用这种方法，让程序员能够在程序中做一些标记，来更好地理解代码，如了解代码的开发日期、编者、版本、功能等。

为了方便阅读程序，Java语言允许在程序中注明一些说明性文字，这就是代码的注释。编译器并不处理这些注释，添加了注释也不会增加程序的负担。在Java中，常用的注释有两种：单行注释和多行注释。

1. 单行注释

如果说明性文字较少，则可以放在一行中，即可以使用单行注释。单行注释使用“//”开始到行末结束，每一行中“//”后面的文字都被认为是注释。单行注释通常用在代码行之间，或者一行代码的后面，用来说明某一块代码的作用。在本章案例代码中添加一个单行注释，用来说明System.out.println();行的作用，如图1-58所示。

HelloWorld5.java

```
1 package cn.soft.chapter01.example;
2
3 public class HelloWorld5 {
4
5     public static void main(String[] args) {
6         // 在控制台输出信息
7         System.out.println("Hello,World!!!");
8         System.out.println("我的第一个Java程序!!!");
9     }
10 }
```

单行注释

图 1-58　单行注释的应用

这样，当别人看到这个程序代码时，就知道第6行是注释第7行和第8行代码的作用，即“控制台输出信息”。

2. 多行注释

多行注释以“/*”开始，以“*/”结束，在“/*”和“*/”之间的内容都被看作注释。当要说明的文字较多，需要占用多行时，可以使用多行注释。例如：在一个源文件开始之前，编写注释对整个文件做一些说明，包括文件的名称、功能、作者、创建日期等。代码如图1-59所示。

HelloWorld6.java

```
/*
 * HelloWorld.java
 * 2018-1-23
 * 第一个Java程序
 */
public class HelloWorld6 {
    public static void main(String[] args) {
        System.out.println("Hello,World!!!");
        System.out.println("我的第一个Java程序!!!");
    }
}
```

图 1-59　多行注释的应用

3. 文档注释

文档注释是以“/**”开始，以“*/”结束，在“/**”和“*/”之间的内容都被看作文档注释内容；每个注释包含一些描述性的文本及若干个Javadoc标签；Javadoc标签一般以“@”为前缀，代码如图1-60所示。

FirstProgram.java

```
/**
 * FirstProgram.java
 * 第一个Java程序
 * @author Jack
 * @version 1.0
 */
public class FirstProgram {
    public static void main(String[] args) {
        System.out.println("这是我的第一个Java程序!");
    }
}
```

图 1-60　文档注释

三、Java 程序的编码规范

日常生活中，常常提到“行为规范”“操作规范”“遵守规范”等，目的就是让不同的人按照某个条条框框进行规范，更加容易沟通。编码规范就是程序世界中的条条框框，对程序员之间的沟通交流很有帮助。为什么这么重要呢？这是因为一个软件从开发、使用到维护的整个生命周期过程中，80%的时间是花费在维护和升级上，而且软件的维护工作通常不是由同一个开发人员完成的。如果编码不规范，就增加了维护难度；如果编码规范，它就增加代码的可读性、操作性和维护性，使软件开发、维护和升级更加方便。所以养成编码规范，是一个程序员必须遵守的基本规则，也是行业内约定俗成的行为准则。养成编码规范须注意以下几方面：

① Java中的程序代码都必须放在一个类中。类需要使用class关键字定义，在class前面可以有一些修饰符，格式如下：

```
修饰符 class 类名{
    程序代码;
}
```

注意：类名前必须使用public修饰。

② Java中的程序代码可分为结构定义语句和功能执行语句，其中，结构定义语句用于声明一个类或方法，功能执行语句用于实现具体的功能。每条功能执行语句独占一行，其最后都必须用分号（;）结束。

```
System.out.println("Hello,World!!!");
System.out.println("我的第一个Java程序!!!");
```

③ Java语言严格区分大小写。

例如，定义一个类时，Computer和computer是两个完全不同的符号，在使用时务必注意。

```
String Computer;
String computer;
```

④ 虽然Java没有严格要求用什么样的格式来编排程序代码，但是出于可读性的考虑，应该让自己编写的程序代码整齐美观、层次清晰。以下两种方式都可以，但是建议使用后一种。

方式一：

```
public class HelloWorld{
    public static void main(String[
] args) { System.out.println("Hello,World!!!");
System.out.println("我的第一个Java程序!!!"); }       }
```

注：程序不会报错，而且能够正确执行，但是阅读这种程序代码看着不舒服，可读性较差。

方式二：

```
public class HelloWorld{
    public static void main(String[] args) {
        System.out.println("Hello,World!!!");
        System.out.println("我的第一个Java程序!!!");
    }
}
```

注：程序代码有缩进，每个语句占一行，整齐美观、层次清晰，易于阅读。

⑤ Java程序中一句连续的字符串不能分开在两行中书写，例如，下面这条语句在编译时将会出错：

```
System.out.println("我的第一个
Java程序!!!");
```

如果为了便于阅读，想将一个太长的字符串分在两行中书写，可以先将这个字符串分成两个字符串，然后用加号（+）将这两个字符串连起来，在加号（+）处断行，上面的语句可以修改成如下形式：

```
System.out.println("我的第一个"+
"Java程序!!!");
```

以上是常见的编码规范，刚刚开始学习程序编码的读者如同一张白纸，养成一个好的编码习惯，会受益终身。

【例1-2】使用Eclipse实现从控制台输出多行信息，包括姓名、性别、家庭住址、手机号码和QQ号码。运行结果如图1-61所示。

图 1-61　使用 Eclipse 实现从控制台输出多行信息

实现代码如下所示：

```
public class ShowStudentInfo {
    public static void main(String[] args) {
        //从控制台输出学生信息
        System.out.println("姓    名：\t王东");
        System.out.println("性    别：\t男");
        System.out.println("家庭住址：\t哈尔滨市南岗区");
        System.out.println("手机号码：\t1384512345*");
        System.out.println("QQ号 码：\t4178694*");
    }
}
```

任务实施

步骤1：新建一个Java项目，并且将项目命名为“3XShopping”。

步骤2：在项目中新建一个包，并且将包命名为“com.soft.shopping”。

步骤3：在包中新建一个Java类，并且将类命名为“MainMenu.java”。

步骤4：双击类文件名，打开类窗口编辑器。

输入代码如下：

```
public class MainMenu {
    public static void main(String[] args) {
        System.out.println("\n\t\t\t欢迎使用3X购物管理系统");
        System.out.println("****************************");
        System.out.println("\t\t    1. 注    册\n");
        System.out.println("\t\t    2. 登    录\n");
        System.out.println("\t\t    3. 退    出\n");
```

```
        System.out.println("*****************************");
        System.out.print("请选择，输入数字(1-3)：");
    }
}
```

拓展任务

设计“3X购物管理系统”的管理员界面。

要求在控制台输出以下信息：

“1. 客户信息”；

“2. 商品信息”；

“3. 幸运抽奖”；

“请选择，输入数字(1-3)：”；

运行结果如图1-62所示。

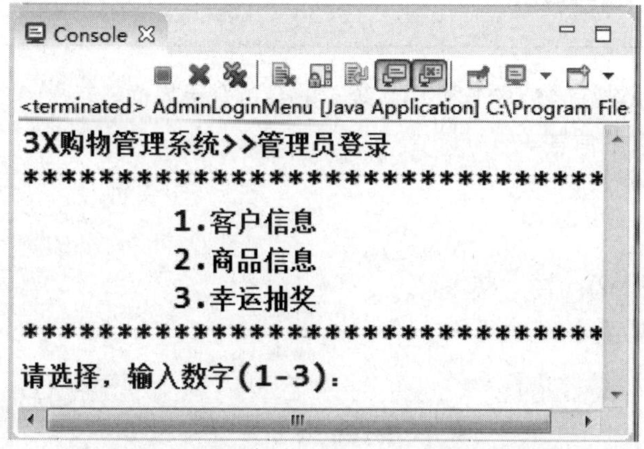

图1-62　“3X购物管理系统”的管理员界面

实现代码如下：

```
/**
 * 欢迎使用3X购物管理系统>>管理员登录
 *
 */
public class AdminLoginMenu {
    public static void main(String[] args) {
        System.out.println("3X购物管理系统>>管理员登录");
        System.out.println("*********************************");
        System.out.println("\t1.客户信息");
        System.out.println("\t2.商品信息");
        System.out.println("\t3.幸运抽奖");
        System.out.println("*********************************");
        System.out.print("请选择，输入数字(1-3)：");
```

```
        }
    }
```

项目总结

通过本章的学习，我们学会了使用记事本和使用Eclipse开发Java程序的基本步骤：编写源程序、编译程序和运行程序。源程序以.java为扩展名，编译后生成的文件以.class为扩展名。使用javac命令可以编译.java文件，使用java命令可以运行编译后生成的.class文件；学会了编写Java程序要符合Java编程规范，为程序编写注释可以增加程序的可读性；学会了转义字符的使用，使开发的界面更美观；能独立完成任何系统界面的设计。

项目实训

实训一：使用Eclipse设计“3X购物管理系统”的会员登录界面。

要求在控制台输出以下信息：

“1. 商品信息”；

“2. 幸运抽奖”；

“请选择，输入数字(1-2)：”；

运行结果如图1-63所示。

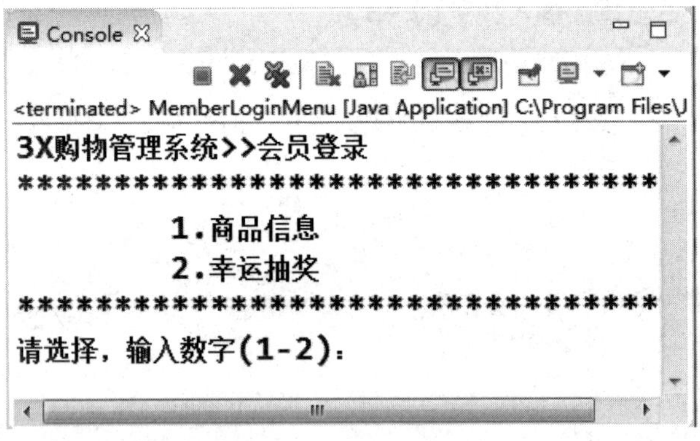

图 1-63　输出基本信息

实训二：使用Eclipse实现从控制台输出购物清单，包括商品名称、购买数量、商品单价和总计，如图1-64所示。

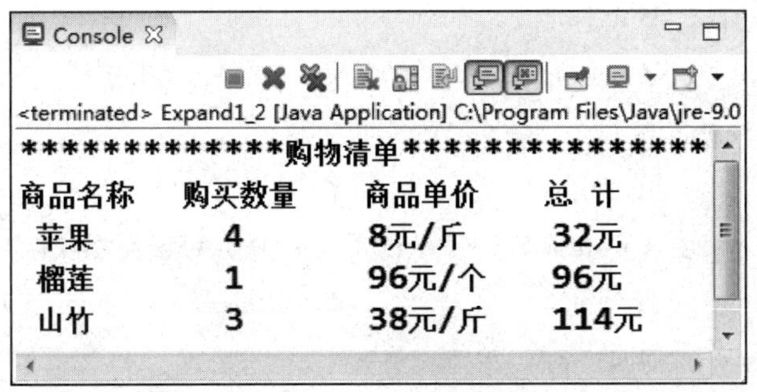

图 1-64 购物清单

课后习题

一、单选题

1. Java语言的特点不包括（ ）。

A. 面向对象　　B. 安全　　C. 跨平台　　D. 单线程

2. SUN公司提供的Java环境简称（ ）。

A. Java bean　　B. jdk　　C. jvm　　D. jre

3. JDK中不包含（ ）文件夹。

A. src　　B. db　　C. lib　　D. java

4. 编译源文件需要使用（ ）指令。

A. java　　B. class　　C. javac　　D. jre

5. 下列说法不正确的是（ ）。

A. Java代码中main()是程序的主入口

B. Java代码中严格区分大小写

C. Java中定义标识符可以选择自己喜欢的任意字符

D. Java代码书写应该注意格式规范

6. “/”符号在Java中的含义是（ ）。

A. 除法　　B. 分割　　C. 除法取商　　D. 除法取余

7. “%”符号在Java中的含义是（ ）。

A. 乘法　　B. 百分比　　C. 除法取商　　D. 除法取余

8. Java中若想表示乘法运算，应该使用（ ）符号。

A. x　　B. /　　C. *　　D. #

9. 想定义一个字符串"hello"，可以使用（ ）数据类型。

A. String　　B. boolean　　C. int　　D. float

10. 小明想用Java程序记录自己的身高体重，最好选用的数据类型是（ ）。

A. String　　B. boolean　　C. int　　D. float

11. 以下是字符类型的是（　　）。

A. '&'　　B. "#"　　C. a　　D. 8

12. 以下是字符串类型的是（　　）。

A. '&'　　B. "#"　　C. a　　D. 8

13. 如果想定义一个变量表示真假值，可以选用（　　）数据类型。

A. boolean　　B. int　　C. String　　D. byte

14. 以下表示赋值运算符的是（　　）。

A. =　　B. ==　　C. --　　D. ++

15. 程序流程图中，菱形表示（　　）。

A. 执行语句　　B. 判断条件　　C. 输入 / 输出　　D. 流程走向

16. 下面（　　）类型的文件可以在Java虚拟机中运行。

A. .java　　B. .jre　　C. .exe　　D. .class

17. Java属于（　　）语言。

A. 机器语言　　B. 汇编语言　　C. 高级语言　　D. 以上都不对

18. 下列关于Java特点的描述中错误的是（　　）。

A. Java是一门面向对象的语言

B. Java具有自动垃圾回收机制

C. Java可以运行在Window和Linux等不同平台上

D. Java中只支持单线程序运行

二、多选题

1. 若想定义一个数值计算的变量，以下类型可以选择的有（　　）。

A. int　　B. double　　C. String　　D. boolean

2. Java中的注释可以选择（　　）。

A. //　　B. /　　C. /*　*/　　D. /**　*/

3. 以下正确的自定义标识符有（　　）。

A. int　　B. cus_num　　C. String　　D. sum

4. 以下不是Java中常用关键字的是（　　）。

A. public　　B. static　　C. happy　　D. hello

5. 整型常量有以下（　　）表现形式。

A. 二进制　　B. 八进制　　C. 十进制　　D. 十六进制

6. 以下属于整型的数据类型是（　　）。

A. byte　　B. short　　C. int　　D. 十六进制

7. 以下说法正确的是（　　）。

A. 变量没有作用域的限制

B. 变量是可以随时改变的量

C. “=”符号既可以是赋值运算符又可以判断是否相等

D. 整型常量可以用十六进制表示

8. 以下说法正确的是（　　）。

A. 在Java中可以一次给多个变量赋值

B. “&”和“&&”的运算结果没有差异

C. 在书写程序之前绘制流程图是程序员的良好习惯

D. 字符串可以使用String数据类型定义

9. 以下语句定义正确的有（　　）。

A. System.out.print("朋友你好");

B. int age=18;

C. int a,b,c=1,2,3;

D. String name="彭晏"

10. 以下说法正确的有（　　）。

A. 每个Java程序都有对应的程序结构

B. 选择结构的标志语句是if else

C. switch语句可以表示选择结构

D. while表示的是循环结构

项目2 实现购物系统界面的功能

项目描述

项目二的目标是要求学习者在掌握了Java语言的基本语法、数据类型、表达式、控制结构等知识点的前提下，能够熟练地进行信息加工、处理，解决生活中的实际问题。“3X购物管理系统”中的界面功能主要包含以下任务：

- 任务1　打印购物小票；
- 任务2　实现购物结算功能；
- 任务3　判断商品折后价格；
- 任务4　加密法实现幸运抽奖；
- 任务5　显示系统菜单；
- 任务6　切换系统菜单。

北斗精神

北斗精神是中国航天人在建设北斗全球卫星导航系统过程中表现出来的“自主创新、开放融合、万众一心、追求卓越”的新时代精神。核心价值观是以国为重。卫星导航系统是重要的空间基础设施，是事关国计民生的大国重器。建设独立自主的卫星导航系统，是党中央、国务院、中央军委做出的重大战略决策。从1994年北斗一号工程立项开始，一代代航天人一路披荆斩棘、不懈奋斗，始终秉承航天报国、科技强国的使命情怀，以“祖国利益高于一切、党的事业大于一切、忠诚使命重于一切”的责任担当，推动北斗全球卫星导航系统闪耀浩瀚星空、服务中国与世界。

学习目标

知识目标

- 熟练掌握Java语言中的基本数据类型；
- 熟练掌握Java语言中的标识符和关键字；

- 熟练掌握Java语言中的变量和常量；
- 熟练掌握Java语言中运算符的使用；
- 熟练掌握Java语言中的数据类型转换；
- 熟练掌握Java语言中的运算符优先级；
- 熟练掌握Java语言中的代码注释和编码规范；
- 熟练掌握Java语言中的流程图画法；
- 熟练掌握Java语言中选择结构语句的使用。

能力目标

- 熟练运用Java语言中的数据类型表达数据信息；
- 能够在程序中熟练使用标识符和关键字；
- 能够在程序中正确地声明和使用变量；
- 能够在程序中正确地使用运算符表达式进行数据处理；
- 能够从键盘上熟练地输入信息；
- 能够进行不同数据类型之间的转换；
- 能够在程序中进行正确的代码注释和编码规范；
- 能够使用选择结构语句正确地进行流程控制；
- 能够根据实际问题正确地画出流程图；
- 能够运用所学知识点解决实际问题。

素质目标

- 培养学习者对信息加工、总结、归纳等的能力；
- 培养学习者良好的团队合作能力和抗压能力；
- 培养学习者正确的编码规范能力；
- 培养学习者守时、求是、求知的职业道德；
- 培养学习者“一丝不苟”的辞海精神；
- 培养学习者精益求精的大国工匠精神。

任务1 打印购物小票

任务描述

视频

实现打印购物小票

使用Eclipse编程实现打印“3X购物管理系统”中的购物小票，要求完成以下功能：在控制台输出购物小票，包括：购买物品名称、单价（元）、数量和金额；并且界面的设计要简洁、美观。

运行结果如图2-1所示。

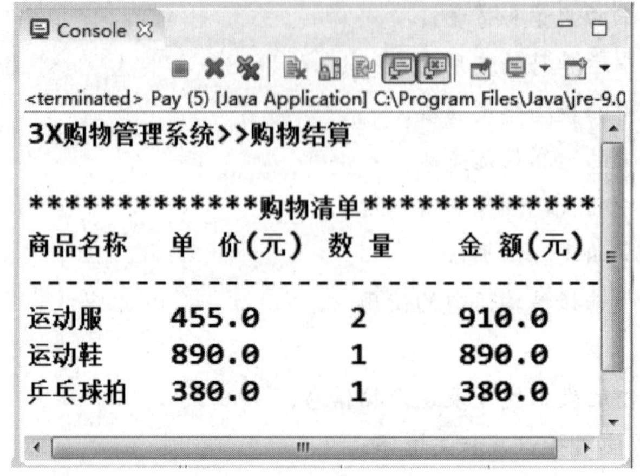

图 2-1 打印购物小票

一、内存

1. 定义

内存（Memory）又称内存储器和主存储器，它用于暂时存放CPU中的运算数据，与硬盘等外部存储器交换数据。

2. 内存如何存储数据

- 内存像一间旅馆，要存储的数据就好比要住宿的客人。
- “先申请房间，后入住”就是描述了数据存入内存的过程。
- 数据各式各样，要先根据数据的需求（即类型）为其申请一块合适的空间。

视 频

Java中的基本语法

二、标识符

1. 定义

在Java语言中，为了有效地表示事物属性及其值的运算，程序中所有事物属性都采用一种符号化的名称，这种名称称为标识符。标识符是程序员对程序中的各个元素加以命名时使用的命名记号。

2. 组成

标识符是以字母（a ~ z、A ~ Z）、下画线（_）或美元符（$）开始，后面可以跟字母（a ~ z、A ~ Z）、下画线（_）或美元符（$）和数字（0 ~ 9）的一个字符序列。

例如：

userName、User_Name、_sys_val、Name、name、$money 等为合法的标识符。

3apple、rose#、#class等为非法的标识符。

注意： 标识符中的字符是区分大小写的。例如，Name和name是两个不同的标识符。

三、保留字

保留字又称关键字，是一种特殊的标识符，具有专门的意义和用途，不能当作用户的标识符使用，如public、class、int、for、true、break等。Java语言中的保留字均用小写字母表示。下面，我们列出了Java语言中的所有保留字，见表2-1。

表 2-1　保留字

abstract	double	import	package	true	final	return
default	if	null	try	case	instanceof	throws
finally	new	super	synchronized	false	public	continue
native	static	while	catch	interface	throw	For
short	transient	boolean	extends	protected	char	1ength
threadsafe	byte	else	int	this	float	switch
break	do	implements	private	class	long	void

四、基本数据类型

Java语言的数据类型可划分为基本数据类型和引用数据类型，如图2-2所示。在这里，下面主要介绍基本数据类型，引用数据类型将在后续项目中介绍，数组和字符串本身属于类，由于它们比较特殊且常用，因此也在这里列出。

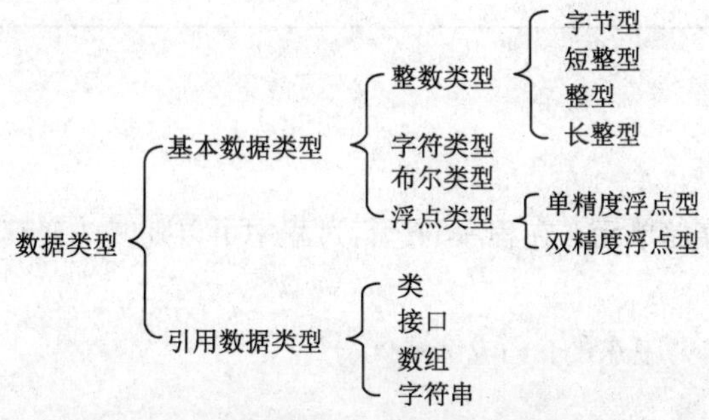

图 2-2　Java 语言的数据类型

下面简要介绍常用Java数据类型，见表2-2。

表 2-2　常用 Java 数据类型

数 据 类 型	说　明	举　例
int	整型	用于存储整数，如班级人数、东西的数量、一周的天数、年龄等
double	双精度浮点型	用于存储带有小数的数字，如商品的价格、身高、体重、平均分等
char	字符型	用于存储单个字符，如性别“男”或“女”、成绩“优”或“良”等
String	字符串型	用于存储一串字符，如学生姓名、家庭住址、身份证号、爱好等

在Java中，根据数据的类型为它在内存中分配一块空间，不同的数据在存储时所需要的空间各不相同。例如，int型的数值占用4字节；double型的数值占8字节；char型的数据占用1字节；String型

的数据占用的字节数与双引号（""）内所含字符个数有关。

潜移默化、润物无声

"千年虫"问题，造成原因之一就是在一些计算机系统中，对于闰年的计算和识别出现问题，不能把2000年识别为闰年。作为一名优秀的程序员，也应该具有辞海精神，即"一丝不苟、字斟句酌、作风严谨"的职业精神。

除了前面提到的四种数据类型外，在现实中，还会碰到一些需要做出判断的情况，如"这次考试成绩在85分以上吗？""这场足球比赛赢了吗？""你吃饭了吗？""确实要删除这些文件吗？"等，这些问题都需要经过判断，给出相应的回答，而且答案只有两种情况：要么"是"（即真），要么"否"（即假）。Java中使用boolean类型表示真假。boolean又称"布尔"，所以常说"布尔类型"。boolean是Java的关键字，所有字母为小写。

表示真假可以用boolean类型，那么如何表示呢？其实boolean类型有两个值，而且只有这两个值。boolean类型的值分为真（true）和假（false），见表2-3。

表 2-3　boolean 类型的值

值	说　明
true	真
false	假

五、变量和常量

（一）变量

变量是程序中的基本存储单元，在程序的运行过程中可以随时改变其存储单元的值。

1．变量的使用

【例2-1】在控制台输出"王东的Java成绩是90分"。

实现代码，如下所示：

```
public class TestVariable {
    public static void main(String[] args) {
        int score=90;
        System.out.println("王东的Java成绩是"+score+"分");
    }
}
```

上例代码虽仅有两行，正如俗话所说"麻雀虽小，五脏俱全"，却显示了如何定义变量和使用变量，其实任何复杂的程序都由这些构成。对变量的使用分以下几步完成：

① 声明变量，即"根据数据类型在内存中申请一块空间"，这里需要给变量命名。

语法：

```
数据类型    变量名;
```

其中，数据类型可以是Java定义的任意一种数据类型。例如，要存储英语考试最高分99.5、获得最高分的学生姓名“王红”及性别“女”。

```
double score;                    //声明双精度浮点型变量score存储分数
String name;                     //声明字符串型变量name存储学生姓名
char sex;                        //声明字符型变量sex存储性别
```

② 给变量赋值，即“将数据存储到对应的内存空间”。

语法：

```
变量名=值;
```

例如：

```
score=99.5;                      //存储99.5
name="王红";                     //存储"王红"
sex='女';                        //存储'女'
```

也可以将步骤①和步骤②合二为一，如例2-1所示，在声明一个变量的同时给变量赋值。

语法：

```
数据类型  变量名=值;
```

例如：

```
double score=99.5;
String name="王红";
char sex='女';
```

③ 调用变量。使用存储的变量称为“调用变量”。

```
System.out.println(score);             //从控制台输出变量score存储的值
System.out.println(name);              //从控制台输出变量name存储的值
System.out.println(sex);               //从控制台输出变量sex存储的值
```

注意：“变量都必须声明和赋值后才能使用”，因此想要使用一个变量，变量的声明和赋值必不可少。

2．变量命名规则

在Java语言中，给变量命名时，不能随心所欲，要遵循一定的规律，见表2-4。

表2-4　变量命名规则

<table>
<tr><th>序号</th><th>条　件</th><th>合法变量名</th><th colspan="2">非法变量名</th></tr>
<tr><td>1</td><td>变量必须以字母、下画线“_”或“$”符号开头</td><td rowspan="4">_myCar
scorel
$myCar
graph1_1</td><td rowspan="4">*myvariable1
9variable
variable%
a+b
My Variable
t1-2</td><td rowspan="4">// 不能以 * 开头
// 不能以数字开头
// 不能包含 %
// 不能包括 +
// 不能包括空格
// 不能包括连字符</td></tr>
<tr><td>2</td><td>变量可以包括数字，但不能以数字开头</td></tr>
<tr><td>3</td><td>除了“_”或“$”符号以外，变量名不能包含任何特殊字符</td></tr>
<tr><td>4</td><td>不能使用 Java 语言的关键字，如 int、class、public 等</td></tr>
</table>

在Java语言中，变量名的长度没有任何限制，命名时，变量名要尽量简短且能清楚地表明变量的作用，能够见名知意。可以由一个或多个单词组合而成，通常一个单词的首字母小写，其后单词的首字母大写。例如：

```
int scoreOfStudent;                    //学生的成绩
int myCar;                             //我的车
```

3. 变量的作用域

变量的作用域是指变量自定义的行起，可以使用的有效范围。在程序中不同的地方定义的变量具有不同的作用域。一般情况下，在本程序块（即以大括号“{}”括起的程序段）内定义的变量在本程序块内有效。

（二）常量

1. 定义

所谓常量就是在程序运行过程中保持不变的量，即不能被程序改变的量，也把它称为最终量。

2. 分类

常量可分为标识常量和直接常量。

（1）标识常量

标识常量使用一个标识符替代一个常数值，其定义的一般格式为：

```
final 数据类型 常量名=value[,常量名=value …];
```

其中：

final 是保留字，说明后边定义的是常量，即最终量；

数据类型是常量的数据类型，它可以是基本数据类型之一；

常量名是标识符，它表示常数值value，在程序中凡是用到value值的地方均可用常量名标识符替代。

例如：

```
final  double  PI=3.1415926;          //定义了标识常量PI，其值为3.1415926
```

注意：在程序中，为了区分常量标识符和变量标识符，常量标识符一般全部使用大写书写。

（2）直接常量

直接常量就是直接出现在程序语句中的常量值，例如上边的3.1415926。直接常量也有数据类型，系统根据字面量识别，例如：

21、45、789、1254、–254 表示int类型；

456.12、–2546、987.235 表示double类型。

任务实施

步骤1：双击项目名称“3XShopping”。

步骤2：双击包名“com.soft.shopping”。

步骤3：在包中新建一个Java类，并且给类命名为“Pay.java”。

步骤4：双击类文件名，打开类窗口编辑器。

输入代码如下：

```
/**
 * 变量的声明、赋值和使用的操作
 */
public class Pay {
    public static void main(String[] args) {
        /*定义商品信息*/
        double sportPrice=455;        //运动服价格
        double shoePrice=890;         //运动鞋价格
        double padPrice=380;          //乒乓球拍价格

        int sportNum=2;               //运动服数量
        int shoesNum=1;               //运动鞋数量
        int padNum=1;                 //乒乓球拍数量

        /*打印购物小票*/
        System.out.println("3X购物管理系统>>购物结算\n");
        System.out.println("*************购物清单**************");
        System.out.println("商品名称\t" + "单   价(元)\t" + " 数  量\t"+ "  金
额(元)\t");
        System.out.println("--------------------------------");
        System.out.println("运动服\t" + sportPrice+ "\t  " + sportNum+ "\t" +
(sportPrice * sportNum)+"\t");
        System.out.println("运动鞋\t" + shoePrice + "\t  "+ shoesNum+ "\t" +
(shoePrice * shoesNum)+ "\t");
        System.out.println("乒乓球拍\t" + padPrice + "\t  "+ padNum+ "\t" +
(padPrice * padNum)+ "\t\n");

    }
}
```

拓展任务

利用所学知识点，实现在控制台输出这部手机的信息如下：

品牌：HUAWEI Mate 40 Pro

颜色：釉白色

运行内存：8 GB

CPU核数（CPUNum）：8核

是否3D人脸识别支持：true

价格：6 499.0元

运行结果如图2-3所示。

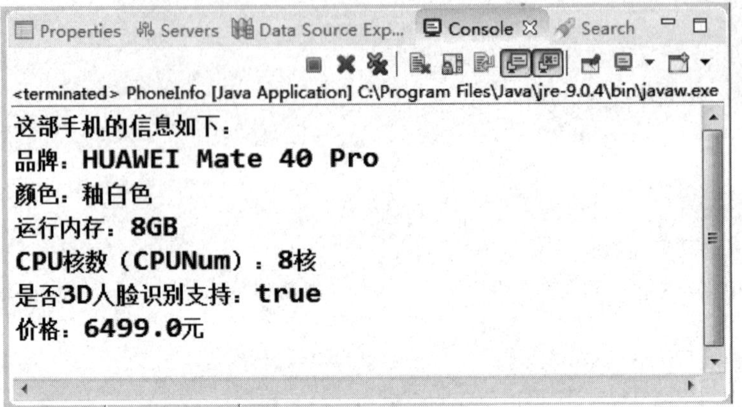

图 2-3　输出手机的信息

实现代码如下所示：

```
/**
 * 变量的声明、赋值和使用的操作
 */
public class PhoneInfo {
    public static void main(String[] args) {
        /*定义手机信息变量*/
        String brand="HUAWEI Mate 40 Pro";
        String color="釉白色";
        int RAMSize=8;
        int CPUNum=8;
        boolean Is3D=true;
        double price=6499.00;

        /*输出手机信息*/
        System.out.println("这部手机的信息如下：");
        System.out.println("品牌："+brand);
        System.out.println("颜色："+color);
        System.out.println("运行内存："+RAMSize+"GB");
        System.out.println("CPU核数（CPUNum）："+CPUNum+"核");
        System.out.println("是否3D人脸识别支持："+Is3D);
        System.out.println("价格："+price+"元");
    }
}
```

任务 2 实现购物结算功能

任务描述

视 频

实现购物结算

实现“3X购物管理系统”中购物结算，要求完成以下功能：在控制台打印购物小票；并要求折扣显示为整数；根据消费总金额和实际交费金额，计算找零金额和本次购物所获积分，注意：每消费100元为1积分。

运行结果如图2-4所示。

```
Console
<terminated> Pay (4) [Java Application] C:\Program Files\Java\jre-9.0
欢迎使用3X购物管理系统>>购物结算

*************购物清单*************
购买物品    单 价(元)  数 量    金 额(元)
----------------------------------------
运动服      455.0       2       910.0
运动鞋      890.0       1       890.0
乒乓球拍    380.0       1       380.0

折 扣：7折
消费总金额(元)：1526.0
实际交费(元)：1600
找钱(元)：74.0
本次购物所获的积分是：15
```

图 2-4 购物结算

知识链接

表达式是由操作数和运算符按一定的语法形式组成的符号序列。每个表达式运算结束后，都会产生一个确定的值，称为表达式的值，值的类型称为表达式的类型。

一、赋值运算符

使用“=”将数值放入变量的存储空间中称为赋值表达式，其中“=”称为赋值运算符。例如：

```
double score=97.5;        //将数值97.5存入double类型的变量score中
int age=18;               //将数值18存入int类型的变量age中
int c=(3+5)*2;            //将右侧表达式(3+5)*2的值存入int类型的变量c中
```

注意： 赋值运算表达式的运算顺序是由右向左，即将右侧表达式的值赋给左侧的变量。

【例2-2】张三的体重是68.5 kg，李四的体重与张三的相同，输出李四的体重。

假如代码如下：

```
public class TestClass {
    public static void main(String args[]){
        double ZhangWeight=68.5;      //张三的体重
        double LiWeight;              //李四的体重
        ZhangWeight=LiWeight;
        System.out.println("李四的体重为："+LiWeight);
    }
}
```

大家会发现什么问题?

根据赋值运算符的运算顺序“由右至左”的操作，语句“ZhangWeight=LiWeight;”表示李四的体重赋给了张三的体重，但是李四的体重LiWeight是未知量，故语句表达错误，赋值运算符左右两边的表达式应该颠倒，正确的代码如下所示：

```
public class TestClass {
    public static void main(String args[]){
        double ZhangWeight=68.5;      //张三的体重
        double LiWeight;              //李四的体重
        LiWeight=ZhangWeight;
        System.out.println("李四的体重为："+LiWeight);
    }
}
```

程序运行结果如图2-5所示。

图 2-5 赋值运算符运行结果

二、算术运算符

最简单的算术运算符是加、减、乘、除四则运算。那么，如何编写程序让计算机完成运算呢？Java中提供了算术运算符，其作用是使数值操作数进行算术运算。常用算术运算符见表2-5。

表 2-5 常用算术运算符

运 算 符	说 明	举 例
+	加法运算符，求操作数的和	5+4 // 值等于 9
-	减法运算符，求操作数的差	5-4 // 值等于 1

续表

运　算　符	说　　明	举　　例
*	乘法运算符，求操作数的乘积	5*4　　// 值等于 20
/	除法运算符，求操作数的商	5/4　　// 值等于 1
%	取余运算符，求操作数相除的余数	5%4　　// 值等于 1

潜移默化、润物无声

火星气候探测者号解体失联

1999年软件错误导致美国火星气候探测者号解体失联。其原因在于，探测器的地面控制团队使用英制单位发送导航指令，而探测器的软件系统使用公制读取指令，导致软件错误，如图2-6所示。

这件事告诉我们：要重视软件开发的每一个细节，细节决定成败，要具有精益求精的工匠精神

图 2-6　火星气候探测者号解体

下面，使用算术运算符解决一个现实中的问题。

【例2-3】已知李红期末考试3门课程的成绩分别为：数学98分、语文86分、英语93分。编写程序实现数学成绩与语文成绩的分数之差；并求出3门功课的平均分。

分析：先声明三个变量分别用来存储数学成绩（Maths）、语文成绩（Chinese）和英语成绩（English）。然后进行计算并输出结果。

```
public class ScoreTest {
    public static void main(String[] args) {
        int Maths=98,Chinese=86,English=93;      //给三门课程赋初值
        int diffen;                              //分数差
        double avg;                              //平均分
        System.out.println("              期末成绩单");
        System.out.println("***************************");
        System.out.println("Maths\tChinese\t English");
        System.out.println("  "+Maths + "\t  " + Chinese + "\t   " + English);
        System.out.println("***************************");
        diffen=Maths-Chinese;                    //计算Maths课和Chinese课的成绩差
        System.out.println(" Maths和Chinese的成绩差: "+diffen);
        avg=(Maths+Chinese+English)/3;           //计算平均分
        System.out.println(" 三门课的平均分是: "+avg);
    }
}
```

程序运行结果如图2-7所示。

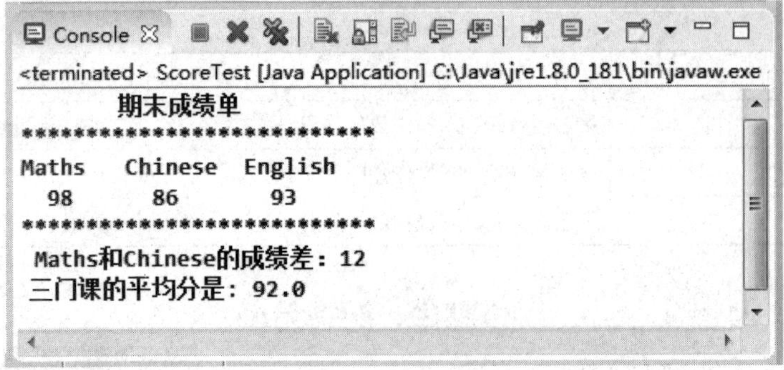

图 2-7　输出“期末成绩单”

如果采用从键盘分别录入三门功课的成绩，需要声明一个Scanner类型的对象input，它用来获取从键盘输入的值。如果获取一个整数类型的变量，就调用nextInt()方法；如果获取一个双精度浮点类型的变量，就调用nextDouble()方法；如果获取一个字符串类型的变量，就调用next()方法。代码如下：

```
Scanner input=new Scanner(System.in);
int Maths=input.nextInt();      //数学成绩
```

注意：使用这个功能，必须在Java源代码的第一行导入Scanner库文件，代码如下：

```
import java.util.Scanner;
```

学习了以上知识点后，可将例2-3改进为如下完整代码：

```
import java.util.Scanner;
public class ScoreTest1{
    /*
     * 成绩统计
     */
    public static void main(String[] args) {
        Scanner input=new Scanner(System.in);
        System.out.print("数学成绩是：");
        int Maths=input.nextInt();                         //数学成绩
        System.out.print("语文成绩是：");
        int Chinese=input.nextInt();                       //语文成绩
        System.out.print("英语成绩是：");
        int English=input.nextInt();                       //英语成绩
        int diffen;                                        //分数差
        double avg;                                        //平均分
        System.out.println("            期末成绩单");
        System.out.println("****************************");
        System.out.println("Maths\t Chinese\t English");
        System.out.println("  "+Maths + "\t  "+Chinese + "\t   "+English);
        System.out.println("****************************");
```

```
        diffen=Maths-Chinese;                    //计算Maths和Chinese课的成绩差
        System.out.println("  Maths和Chinese的成绩差: "+diffen);
        avg=(Maths+Chinese+English)/3;       //计算平均分
        System.out.println("  三门课的平均分是: " + avg);
    }
}
```

程序运行结果，如图2-8所示。

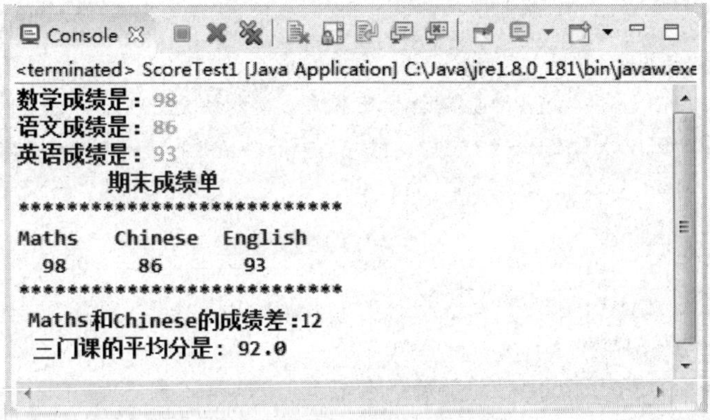

图 2-8 输出“期末成绩单”

任务实施

步骤1：双击项目名称“3XShopping”。

步骤2：双击包名“com.soft.shopping”。

步骤3：在包中新建一个Java类，并且给类命名为“Pay.java”。

步骤4：双击类文件名，打开类窗口编辑器。

输入代码如下：

```
/**
*利用赋值语句和算术运算符相关知识点，在控制台打印购物小票；
*要求折扣显示为整数；
*根据消费总金额和实际交费金额，计算找零金额和本次购物所获积分；
*注意：每消费100元为1积分。
*/
import java.util.Scanner;
public class Pay {
    public static void main(String[] args) {
        Scanner input=new Scanner(System.in);
        double sportPrice=455;          //运动服价格
        double shoePrice=890;           //运动鞋价格
        double padPrice=380;            //乒乓球拍价格
        int sportNo=2;                  //运动服件数
```

```
        int shoeNo=1;           //运动鞋数目
        int padNo=1;            //乒乓球拍数目
        int pay=0;
        double discount=0.7;

        /*计算消费总金额*/
         double finalPay=(sportPrice * sportNo + shoePrice * shoeNo + padPrice *
padNo) * discount;

        /*打印购物小票*/
        System.out.println("3X购物管理系统>>购物结算\n");
        System.out.println("************购物清单*****************\n");
        System.out.println("商品名称\t" + "单   价(元)\t" + "  数  量\t"+ "  金
额(元)\t");
        System.out.println("------------------------------------");
        System.out.println("运动服\t" + sportPrice+ "\t  "+portNo+ "\t"+
(sportPrice * sportNo)+"\t");
        System.out.println("运动鞋\t" + shoePrice + "\t  "+ shoeNo+ "\t" +
(shoePrice * shoeNo)+ "\t");
        System.out.println("乒乓球拍\t" + padPrice + "\t  "+ padNo+ "\t" +
(padPrice * padNo)+ "\t\n");
        System.out.println("折扣: \t"+(int)(discount*10)+"折");
        System.out.print("消费总金额\t" + finalPay+"\n");

        /*实际付款*/
        System.out.print("实际交费\t");
        pay=input.nextInt();

        /*计算找钱金额*/
        double returnMoney=pay-finalPay;

        System.out.println("找钱\t" + returnMoney);

        /*计算本次购物所获积分*/
        int score=(int)finalPay/100;          //强制类型转换
        System.out.println("本次购物所获的积分是: "+score);
    }
}
```

拓展任务

编程实现一个数字加密器，加密规则是：

加密结果 =（整数 × 20+7）/5 + 2.7

要求：加密结果仍为一整数。

运行结果如图2-9所示。

图 2-9　数字加密器

实现代码如下：

```
/**
 * 实现一个数字加密器
 *
 */
import java.util.Scanner;

public class Encrypt {

    public static void main(String[] args) {

        System.out.print("请输入需要加密的一个整数：");
        Scanner input=new Scanner(System.in);
        int num=input.nextInt();
        num=(int)((num*20+7)/5+2.7);
        System.out.println("加密结果为："+num);
    }
}
```

任务 3　判断商品折后价格

任务描述

实现“3X购物管理系统”中购物结算时，判断商品折后价格，要求完成以下功能。

- 根据顾客购买商品价格从键盘上输入商品折扣；
- 判断商品享受折扣后的价格是否高于150元。

运行结果如图2-10和图2-11所示。

视 频

判断商品折后价格

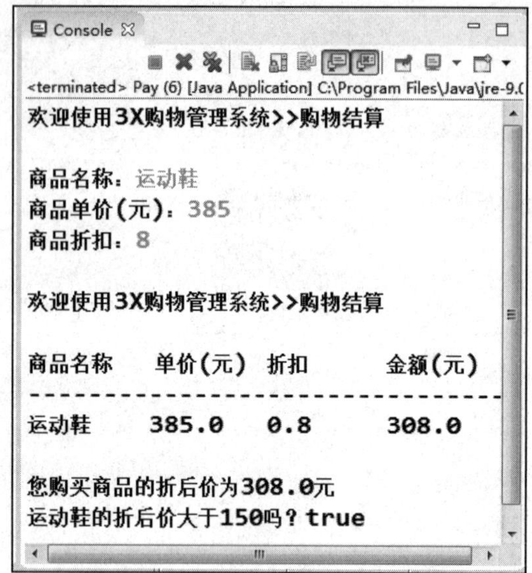

图 2-10 折扣后的价格大于 150 元

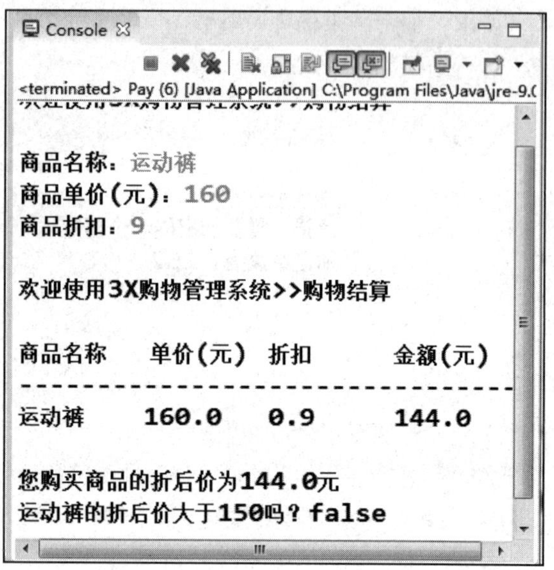

图 2-11 折扣后的价格小于 150 元

潜移默化、润物无声

谁是凶手？

某地发生了一起谋杀案，警察通过排查确定杀人凶手必为4个嫌疑犯中的一个人。以下为4个嫌疑犯的供词。

赵说：不是我。

钱说：是孙。

孙说：是李。

李说：孙在胡说。

已知3个人说了真话，1个人说的是假话。

我们每个人都必须遵纪守法。

图 2-12 中国梦，法制梦

遵纪守法是每个公民的责任和义务。我们要“积极学法，自觉守法，主动用法，诚信护法”，如图2-12所示，每个人应为实现中国梦和法制梦而努力奋斗。

知识链接

一、关系运算符

Java程序中用boolean数据类型表示真和假，但是程序如何知道真假呢？程序可以通过比较高矮、胖瘦、多少、大小等得知其真假。Java提供了关系运算符用于比较高矮、胖瘦、多少、大小等。Java

语言中提供的关系运算符见表2-6。

表 2-6 关系运算符

关系运算符	说 明	举 例	
>	大于	89>90	// 结果为 false
>=	大于或等于	负数 >=0	// 结果为 false
<	小于	篮球 < 地球	// 结果为 true
<=	小于或等于	一天的小时数 <=24 小时	// 结果为 true
==	等于	西瓜的大小 == 芝麻的大小	// 结果为 false
!=	不等于	水的密度 != 铁的密度	// 结果为 true

从表2-6可以看出，关系运算符用来做比较运算，而比较的结果是一个boolean类型的值，要么是真（true），要么是假（false）。

【例2-4】从控制台输入王东同学的Java成绩，与李红的Java成绩（85分）比较，输出"王东的成绩比李红的成绩高吗?"的判断结果。

分析：程序要实现的功能可以分为以下两部分：

① 实现从键盘获取数据。

```
import java.util.Scanner;
public class BoolTest {
    public static void main(String[] args) {
        int liSi=80;            //李红的Java成绩
        boolean isBig ;         //声明一个boolean类型的变量
        @SuppressWarnings("resource")
        //Java输入的一种方法
        Scanner input=new Scanner(System.in);
        //提示要输入王东的Java成绩
        System.out.print("输入王东的Java成绩: ");
        //输入王东的Java成绩
        int zhangSan=input.nextInt();
        //将比较结果保存在boolean变量中
        isBig=zhangSan>liSi ;
        //输出比较结果
        System.out.println( "王东的Java成绩比李红高吗 ？ "+isBig );
    }
}
```

② 比较数据，并将比较结果输出。

程序运行结果如图2-13和图2-14所示。

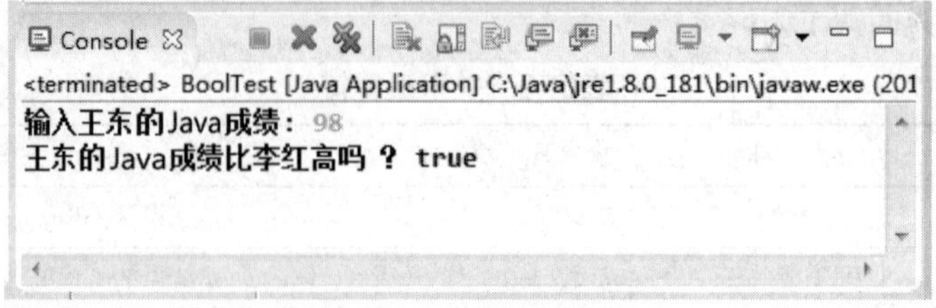

图 2-13　输入的值为 98

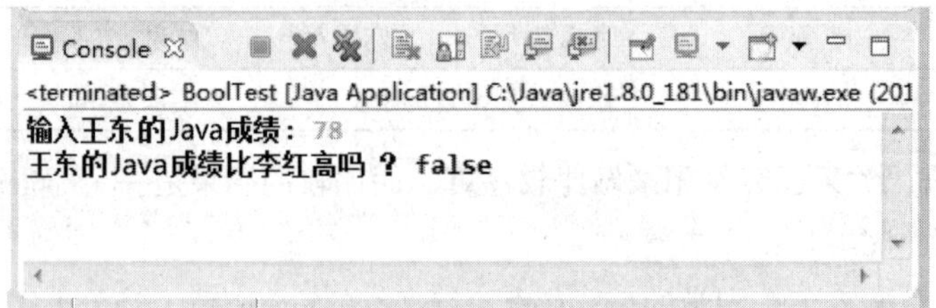

图 2-14　输入的值为 78

注意:

"="和"=="的区别:

①"="是赋值运算符，即把右边的值赋给"="左边的变量，如int num=20。

②"=="是比较运算符，即"=="左边的值与"=="右边的值比较，看它们是否相等，如果相等则为true，否则为false，如4==6的结果为false。

问题：期末考试结束，班级要评奖学金。如果王东的Java成绩大于95分，而且体育成绩大于80分，他被评为一等奖学金；或者Java成绩大于或等于90分，而且体育成绩大于85分，他也可以被评为一等奖学金。

视 频

逻辑运算符

分析：这个问题需要判断的条件比较多，因此就需要将多个条件连接起来，在Java程序中，就可以使用逻辑运算符将多个条件连接起来。

二、逻辑运算符

常用逻辑运算符见表2-7。

表 2-7　常用逻辑运算符

运算符	名称	表 达 式	说　明	举　例
&&	与、并且	条件 1&& 条件 2	两个条件同时为真，则结果为真；两个条件有一个为假，则结果为假	3<5&&5<8　// 结果为真 3<5&&5>8　// 结果为假 3>5&&5>8　// 结果为假
||	或、或者	条件 1|| 条件 2	两个条件有一个为真，则结果为真；两个条件同时为假，则结果为假	3<5||5<8　// 结果为真 3<5||5>8　// 结果为真 3>5||5>8　// 结果为假
!	非	! 条件	条件为真时，结果为假；条件为假时，结果为真	!(3<5)　// 结果为假 !(3>5)　// 结果为真

逻辑运算的结果，其值可由逻辑运算真值表反应出来，见表2-8。

表 2-8　逻辑运算真值表

a	b	!a	a&&b	a||b	a^b
false	false	true	false	false	false
false	true	true	false	true	true
true	false	false	false	true	true
true	true	false	true	true	false

【例2-5】逻辑运算符的应用。

```
public class TestLogical {
    public static void main(String[] args) {
        //逻辑运算符的应用
        boolean flag;
        int a=0,b=1;
        flag=a++>0&&b-->0;
        System.out.println("flag="+flag);
        flag=a-->0&&b++>0;
        System.out.println("flag="+flag);
        flag=a++>0&&b-->0;
        System.out.println("flag="+flag);
        flag=a-->0||b++>0;
        System.out.println("flag="+flag);
        flag=!(a>b);
        System.out.println("flag="+flag);
    }
}
```

程序运行结果如图2-15所示。

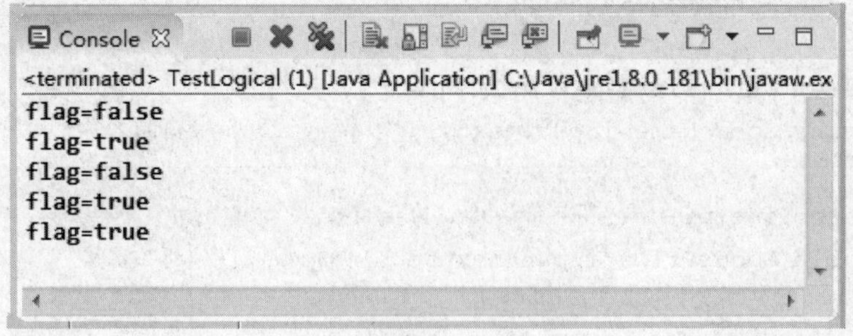

图 2-15　逻辑运算符的使用

三、运算符的优先级

在一个表达式中可能有各种运算符，计算机先执行哪个运算，后执行哪个运算，是在Java语言中事先规定好的。运算符的优先级是指多个运算符出现在同一个表达式中，各运算符所表示操作的执行顺序。

运算符的优先级：算术运算符>关系运算符>逻辑运算符。即在一个表达式中，算术运算符的优先级最高，关系运算符次之，然后是逻辑运算符。如果在一个表达式中包含赋值运算符，则它的优先级最低。当运算符比较多时，可以使用小括号改变某个运算符的执行顺序。具有相同优先级别的多个运算符出现在同一表达式中时，各运算符所表示操作的执行顺序称为运算符的结合性，结合规则分为“从左至右”和“从右至左”两种。例如：

```
a=5+c*d/(b-d);
```

因为小括号的优先级最高，所以先计算“(b-d)”，“*”和“/”的优先级相同，按从左至右的结合规则，接着是“c*d”，然后除以“(b-d)”的值，再将结果与5相加的和赋值给变量a。

任务实施

步骤1：双击项目名称“3XShopping”。

步骤2：双击包名“com.soft.shopping”。

步骤3：在包中新建一个Java类，并且给类命名为“Pay”。

步骤4：双击类文件名，打开类窗口编辑器。

输入代码如下：

```
/**
 * 实现商品折后价格判断
 *
 */
import java.util.Scanner;
public class Pay {
    public static void main(String[] args) {
        System.out.println("3X购物管理系统>>购物结算\n");
        Scanner input=new Scanner(System.in);

        System.out.print("您购买的商品为：");
        String GoodsName=input.next();              //商品名称

        System.out.print("商品价格(元)为：");
        double GoodsPrice=input.nextDouble();      //商品价格

        System.out.print("商品折扣为：");
        double discount=input.nextDouble();        //商品折扣

        /*商品折后价*/
        double finalPay=GoodsPrice*(discount/10);
```

```
        System.out.println("\n3X购物管理系统>>购物结算\n");
        System.out.println("商品名称\t" + " 单价(元)\t" + "折扣\t"+ "  金额(元)\t");
        System.out.println("--------------------------------");
        System.out.println(GoodsName+"\t" + "￥"+GoodsPrice+ "\t"  +discount+
"\t" + finalPay+"\t");

        boolean isFlag=finalPay>150;          //判断标识

        System.out.println("\n您购买商品的折后价为"+finalPay+"元");
        System.out.println(GoodsName+"的折后价大于150元吗? "+isFlag);
    }
}
```

拓展任务

设计一个关系运算符的计算器。要求输入任意两个整数进行关系运算，在控制台输出结果。运行结果如图2-16所示。

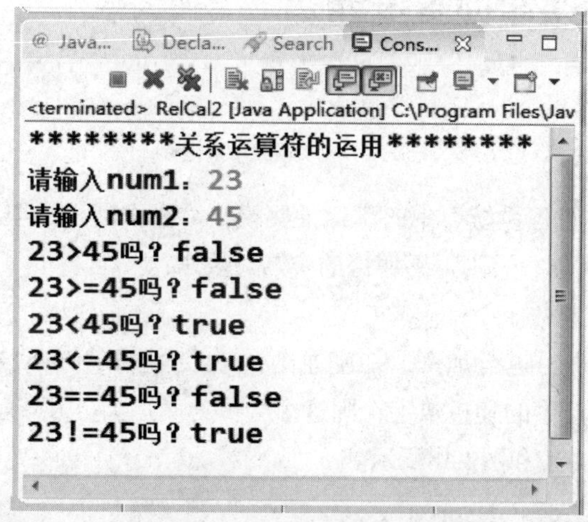

图 2-16 关系运算符计算器

实现代码如下：

```
/**
 * 关系运算符的运用
 *
 */
import java.util.Scanner;
public class RelCal {

    public static void main(String[] args) {

        Scanner input=new Scanner(System.in);
```

```
        System.out.println("********关系运算符的运用********");
        System.out.print("请输入num1: ");
        int num1=input.nextInt();
        System.out.print("请输入num2: ");
        int num2=input.nextInt();

        System.out.println(num1+">"+num2+"吗? "+(num1>num2));
        System.out.println(num1+">="+num2+"吗? "+(num1>=num2));
        System.out.println(num1+"<"+num2+"吗? "+(num1<num2));
        System.out.println(num1+"<="+num2+"吗? "+(num1<=num2));
        System.out.println(num1+"=="+num2+"吗? "+(num1==num2));
        System.out.println(num1+"!="+num2+"吗? "+(num1!=num2));
    }
}
```

任务4 加密法实现幸运抽奖

任务描述

视频

实现幸运抽奖

实现“3X购物管理系统”中的幸运抽奖模块，要求随机抽取幸运会员，如果是幸运会员，奖励购物6折优惠；否则，感谢您的参与。要求：

• 会员号是4位整数；

• 对输入的会员号进行加密，加密原则：(会员号 /10%7+5*2)%10，加密结果取整数。如果加密结果等于产生的随机数字，则这个会员为幸运会员。

运行结果如图2-17和图2-18所示。

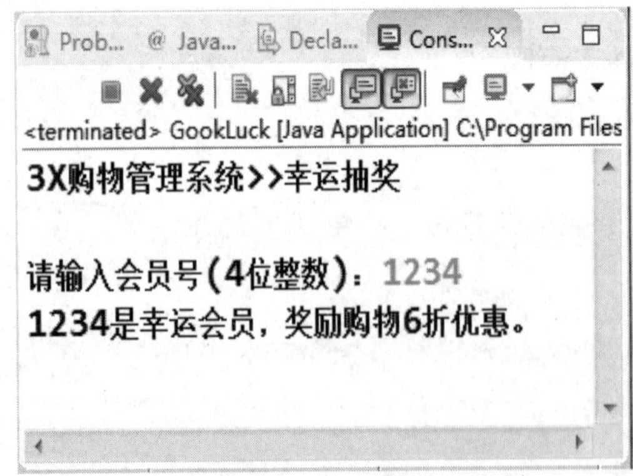

图 2-17　是幸运会员

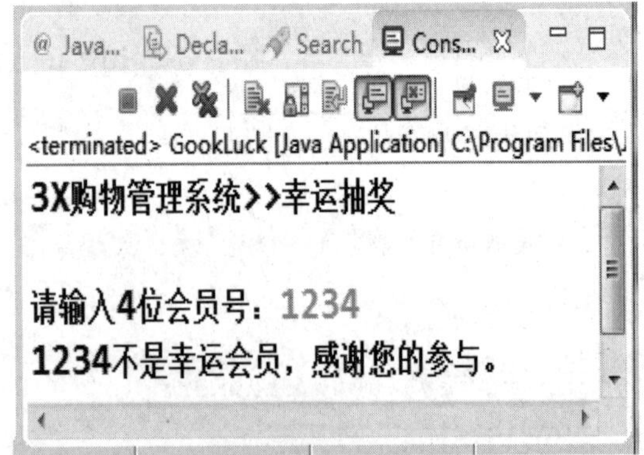

图 2-18　不是幸运会员

潜移默化、润物无声

"巨石、碎石、沙子、水和桶"引发的思考

你装入的先后顺序体现了你的思维方式和执行力（见图2-19）。

我们往往把事情分为重要、紧急、不重要、不紧急。把紧急重要的事情放在第一位。

平时我们做事要提高执行力：明确目标，分清轻重缓急，设定目标优先顺序。

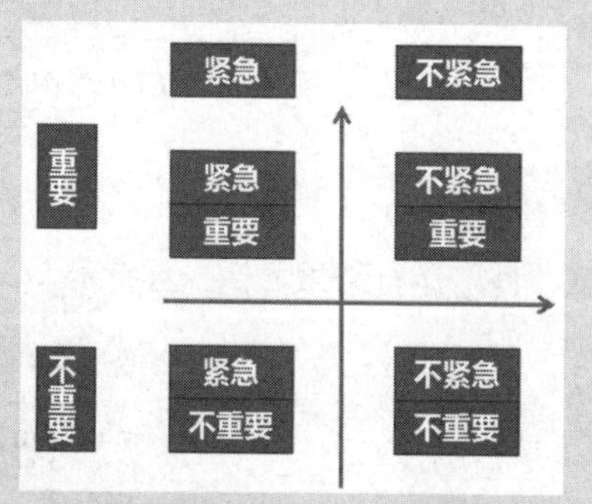

图2-19　做事要分"轻、重、缓、急"

知识链接

在程序设计中，程序的结构分为：顺序结构、选择结构和循环结构。

一、顺序结构

顺序结构是指程序按先后顺序依次执行各语句，一条语句执行完之后，继续执行下一条语句，直到程序结束。

首先了解一下：什么是流程图？流程图是逐步解决指定问题的步骤和方法的一种图形化表示方法。它能直观、清晰地帮助用户分析问题或设计解决方案，是程序开发人员的好帮手。画流程图时，是使用一组预定义的符号来说明如何执行特定的任务。常用流程图符号见表2-9。

表2-9　常用流程图符号

图　形	意　义	图　形	意　义
（圆角矩形）	程序开始或结束	（菱形）	判断和分支
（矩形）	计算步骤/处理符号	（圆圈）	连接符
（平行四边形）	输入/输出指令	↓　↑	流程线

顺序结构是按照先后顺序执行，其基本流程图如图2-20所示。

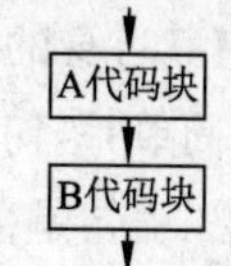

图2-20　顺序结构流程图

【例2-6】编程实现：在控制台输出王东的姓名、性别、年龄和爱好等信息。

代码如下：

```
public class ShowInfo {
    public static void main(String[] args) {
        //编程实现：在控制台输出王东的姓名、性别、年龄和爱好等信息
        System.out.println("学生信息如下：");
```

```
        System.out.println("姓名：王东");
        System.out.println("性别：男");
        System.out.println("年龄：18");
        System.out.println("爱好：打篮球、踢足球、唱歌、跳舞");
    }
}
```

程序运行结果如图2-21所示。

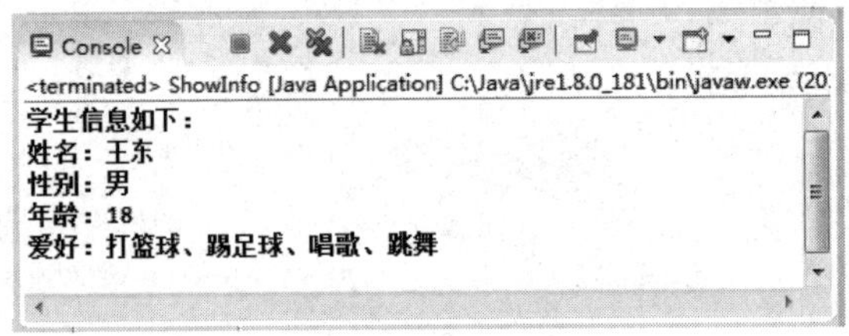

图 2-21　顺序结构的应用

二、选择结构

潜移默化、润物无声

我们每个人每时每刻都在进行着大大小小的选择。而选择的结果决定着一个人前进的道路和方向。在中国历史上，范仲淹心系君民，"先天下之忧而忧，后天下之乐而乐"，把自己的毕生追求同国家的命运和百姓的苦乐联系在一起；顾炎武，"天下兴亡，匹夫有责"，放眼天下，把促使国家和民族的兴盛作为自己的人生选择。新冠肺炎（COVID-19）疫情期间，"停课不停教、不停学"既是抗疫情应急之举，也是互联网+教育的重要成果应用展示，各种线上直播平台、线上办公软件等应运而生……这些都体现了选择的重要性。

首先了解一下：什么是选择结构？在现实生活中，人们经常需要做出一些判断，例如：报考专业、绩效考核、坐公交车、交新朋友、午饭吃什么、今天穿什么衣服等。Java中有一种特殊的语句称为选择语句，它也需要对一些条件做出判断，从而决定执行哪一段代码？选择语句分为if条件语句和switch条件语句。if条件语句分为3种语法格式：简单if语句、if-else语句、多重if-else语句。每一种格式都有其自身的特点，具体介绍如下。

1. 简单if语句

简单if语句是根据条件判断之后再做处理的一种语法结构。

语法：

```
if(条件){
    代码块1;        //条件成立后要执行的代码，可以是一条语句，也可以是一组语句
}
```

简单if语句流程图如图2-22所示。

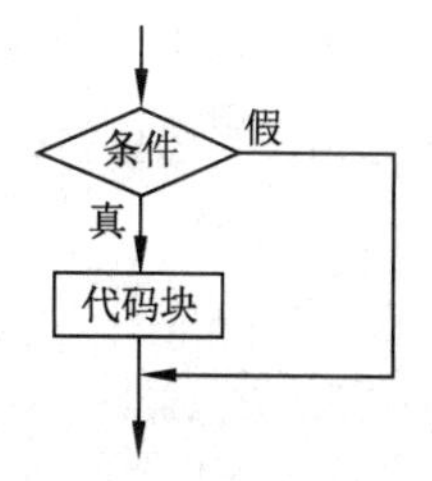

图 2-22　if 语句的流程图

从流程图可以看出，if选择结构的含义和执行过程。首先，对条件进行判断。如果结果是真，则执行代码块；否则，执行代码块后面的部分。

因此，关键字if后小括号里的条件是一个表达式，而且表达式的值必须为true或false。

程序执行时，先判断条件。当结果为true时，程序先执行大括号中的代码块，再执行if结构（即{}部分）后面的代码，当结果为false时，不执行大括号中的代码块，而直接执行if结构后面的代码。

【例2-7】编程实现：从控制台输入王东的Java成绩，如果成绩≥90，评为“优秀等级”。

代码如下：

```
import java.util.Scanner;
public class TestIf {
    public static void main(String[] args) {
        Scanner input=new Scanner(System.in);
        //提示要输入Java成绩
        System.out.print("请输入王东的Java成绩：");
        int score=input.nextInt();          //从控制台获取Java成绩
        if(score>=90){                      //判断是否大于或等于90分
            System.out.println("王东的Java成绩"+score);
            System.out.println("被评为:优秀等级");
        }
    }
}
```

程序运行结果如图2-23所示。

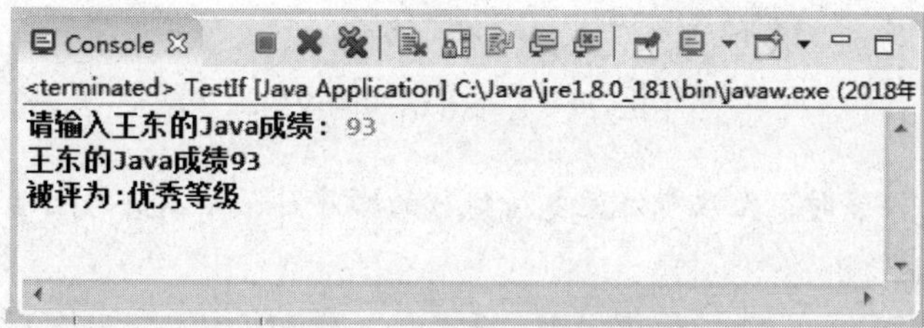

图 2-23　简单 if 语句应用

由此可以体会到：简单if语句的执行先判断后执行的方式。

2．复杂if语句

【例2-8】如果给例2-7增加一门体育课，再增加多个条件，描述如下：期末考试结束，班级将要评优，如果王东的Java成绩大于或等于95分，而且P.E.成绩大于80分，或者Java成绩大于或等于90分，而且P.E.成绩大于85分，他将被评为优秀等级。

分析：这个问题需要判断的条件比较多，因此需要将多个条件连接起来。前面已经学习了关系运算符和逻辑运算符，可以使用关系运算符和逻辑运算符将多个条件连接起来。

代码如下：

```
import java.util.Scanner;
public class TestIf2 {
    public static void main(String[] args) {
         Scanner input = new Scanner(System.in);
        //提示要输入Java成绩
        System.out.print("请输入王东的Java成绩: ");
        //从控制台获取Java成绩
        int score=input.nextInt();
        //提示要输入P.E.成绩
        System.out.print("请输入王东的P.E.成绩: ");
        //从控制台获取P.E.成绩
        int PE=input.nextInt();
        //判断是否大于或等于90分
        if(score>=95 && PE>80||score>=90 && PE>85) {
            System.out.println("被评为:优秀等级");
         }
    }
}
```

程序运行结果如图2-24所示。

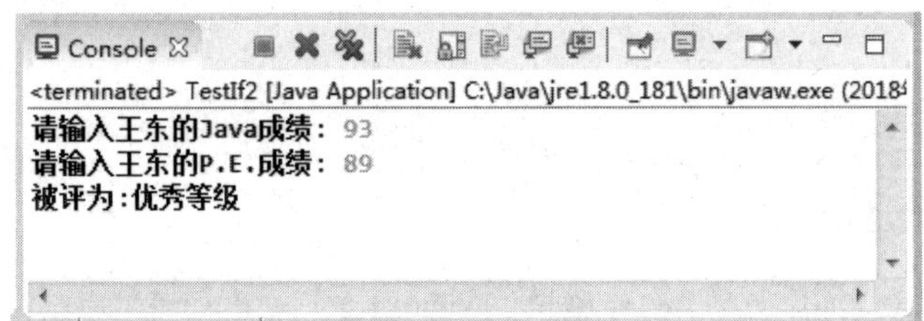

图 2-24　复杂 if 语句的应用

注意：当运算符比较多时，无法确定运算符执行的顺序时，可以使用小括号控制。

例如，可以将语句：

```
if(score>=95 && PE>80||score>=90 && PE>85)
```

改为：

```
if((score>=95 && PE>80)||(score>=90 && PE>85))
```

这样，可使条件判断语句一目了然。

3．if-else选择结构

【例2-9】期末考试结束，班级将要评优。如果王东的Java成绩大于或等于90分，他将被评为“优秀等级”；如果Java成绩小于90分，他将无缘“优秀等级”。

分析：与上个问题不同的是，除了要实现条件成立执行的操作以外，还要实现条件不成立时执行的操作。

该问题如果用两个if语句选择结构来实现，代码如下：

```
import java.util.Scanner;
public class TestIf3 {
    public static void main(String[] args) {
        Scanner input=new Scanner(System.in);
        //提示要输入Java成绩
        System.out.print("请输入王东的Java成绩: ");
        //从控制台获取Java成绩
        int score=input.nextInt();
        //判断王东的Java成绩是否大于或等于90分
        if(score>=90){
            System.out.println("王东的Java成绩"+score);
            System.out.println("被评为:优秀等级");
        }
        if(score<90){
            System.out.println("王东的Java成绩"+score);
            System.out.println("无缘优秀等级");
        }
    }
}
```

输入98按【Enter】键，运行结果如图2-25所示。

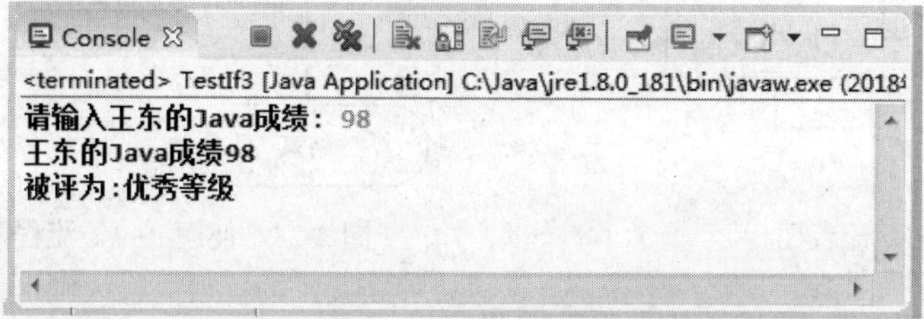

图 2-25 Java 成绩等于 98 分的运行结果

输入85按【Enter】键，运行结果如图2-26所示。

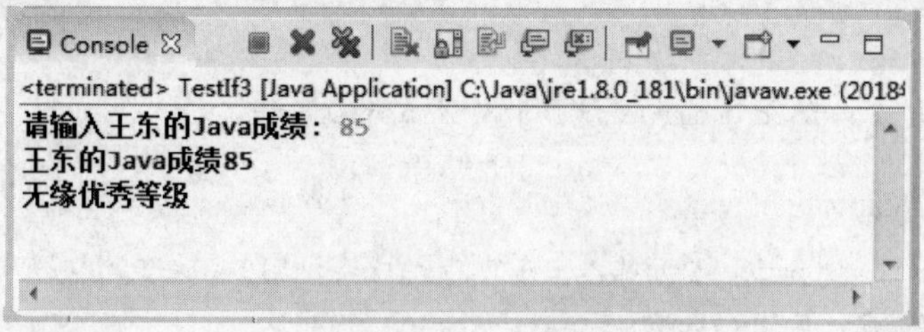

Console
<terminated> TestIf3 [Java Application] C:\Java\jre1.8.0_181\bin\javaw.exe (2018
请输入王东的Java成绩：85
王东的Java成绩85
无缘优秀等级

图 2-26 Java 成绩等于 85 分的运行结果

由此可见，使用这两个if选择结构虽然也能达到想要的结果，但是程序结构代码重复，可以学习另一种选择结构，更好地解决该问题。

其语法格式如下：

```
if(条件){
    代码块1;
}else{
    代码块2;
}
```

if-else选择结构的流程图如图2-27所示。形象地展示了if-else选择结构的执行过程。

按照此任务的需求，画出流程图来分析要解决的问题，如图2-28所示。

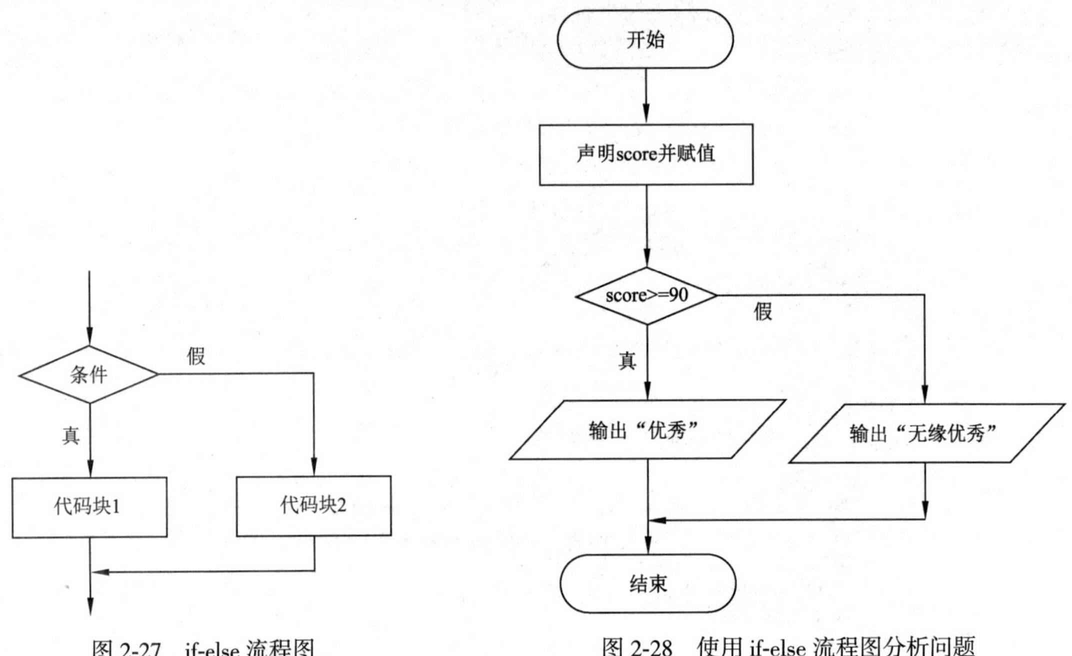

图 2-27　if-else 流程图

图 2-28　使用 if-else 流程图分析问题

结合流程图，使用if-else选择结构来进行编程。

【例2-10】改写例2-9中的代码，实现代码如下。

```
//例2-10
import java.util.Scanner;
public class TestIf3 {
    public static void main(String[] args) {
        Scanner input=new Scanner(System.in);
        //提示要输入Java成绩
        System.out.print("请输入王东的Java成绩: ");
        //从控制台获取Java成绩
        int score=input.nextInt();
        //判断王东的Java成绩是否大于90分
```

```
        if(score>=90){
            System.out.println("王东的Java成绩"+score);
            System.out.println("被评为:优秀等级");
        }else{
            System.out.println("王东的Java成绩"+score);
            System.out.println("无缘优秀等级");
        }
    }
}
```

输入98按【Enter】键，运行结果如图2-29所示。

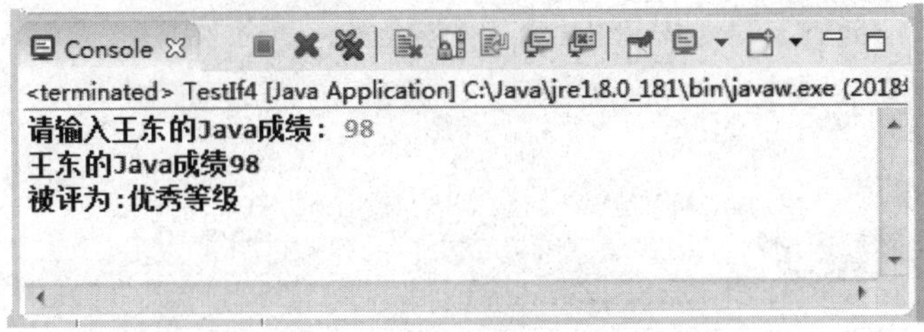

图 2-29　Java 成绩等于 98 分的运行结果

输入85按【Enter】键，运行结果如图2-30所示。

图 2-30　Java 成绩等于 85 分的运行结果

小结：

到此为止，需要掌握的if选择结构如下：

- 基本的 if选择结构，只有一个if块；
- if-else选择结构，有if块和else块。

任务实施

视频

实现抽取幸运会员

步骤1：双击项目名称“3XShopping”。

步骤2：双击包名“com.soft.shopping”。

步骤3：在包中新建一个Java类，并且给类命名为“GoodLuck”。

步骤4：双击类文件名，打开类窗口编辑器。

输入代码如下：

```
/**
 * 实现抽取幸运会员
 *
 */
import java.util.Scanner;
public class GoodLuck {

    public static void main(String[] args) {
        Scanner input=new Scanner(System.in);

        System.out.println("3X购物管理系统>>幸运抽奖\n");
        System.out.print("请输入会员号(4位整数): ");
        int custNo=input.nextInt();
        /*加密*/
        int enCode=(custNo/10%7+5*2)%10;
        /* 产生随机数 */
        int Random=(int)(Math.random()*10);
        /*判断是否为幸运会员 */
        if(enCode==Random) {
            System.out.println(custNo+"是幸运会员，奖励购物6折优惠。");
        }else{
            System.out.println(custNo+"不是幸运会员，感谢您的参与。");
        }
    }
}
```

拓展任务

从控制台输入一个年份，判断该年份是否为闰年?

运行结果如图2-31和图2-32所示。

图 2-31　1900 年不是闰年

图 2-32　2020 年是闰年

实现代码如下：

```
/**
 * 判断是否为闰年
 * 是闰年的条件：year%4==0&&year%100!=0||year%400==0
```

```
 */
import java.util.Scanner;
public class LeapYear {
    public static void main(String[] args) {
        Scanner input=new Scanner(System.in);
        System.out.print("请输入4位年份：");
        int year=input.nextInt();
        /*判断是否为闰年*/
        if(year%4==0&&year%100!=0||year%400==0) {
            System.out.println(year+"是闰年");
        }else{
            System.out.println(year+"不是闰年");
        }
    }
}
```

任务 5　显示系统菜单

任务描述

实现“3X购物管理系统”从系统界面切换到主菜单的功能。

输入数字1：进入注册；

输入数字2：进入登录界面；

输入数字3：退出并显示“谢谢您的使用！”

运行结果如图2-33～图2-35所示。

视频

实现显示系统菜单的功能

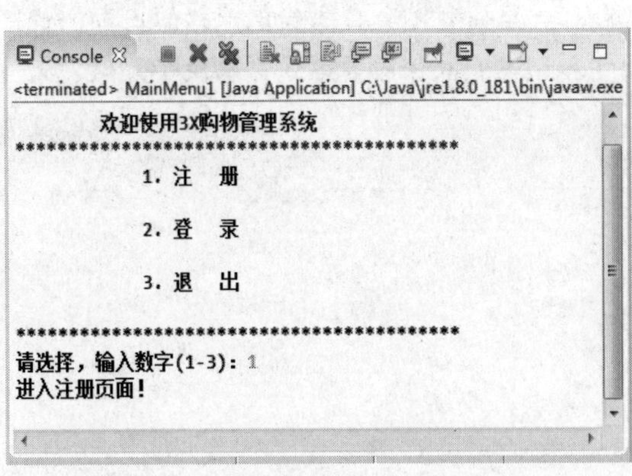

图 2-33　输入数字 1，执行“注册”

图 2-34　输入数字 2，执行“登录”

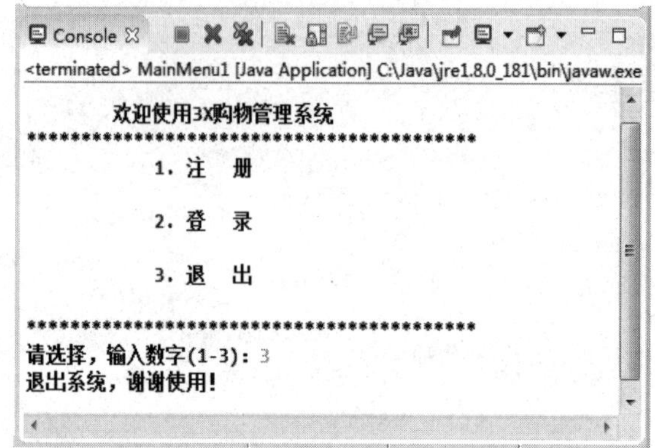

图 2-35　输入数字 3，执行“退出”

潜移默化、润物无声

匠心——2008年“祥云”火炬背后的故事

2007年4月26日20时25分许，北京中华世纪坛，见证了第29届奥林匹克火炬诞生的历史时刻。中国设计师以中国传统文化纸卷轴为创意，以有着千年历史的“祥云”图案为灵感设计的第29届奥林匹克奥运会火炬，正式向全世界亮相。中国传统的纸卷轴正好是独特的火炬外形。纸是中国古代的四大发明之一，通过丝绸之路传到西方，人类文明随着纸的出现得以加快传播速度。与现代奥运会火炬传递的宗旨十分相符。30岁的设计师章骏说：“‘渊源共生、和谐共融’的‘祥云’图案是设计创作中的点睛之笔。祥云在中国具有上千年的时间跨度，从天安门前的华表，到生活中瓷碗上的图形，几乎无处不见。”刘兴洲说：“别看火炬小，但它内部燃烧系统的科技含量并不低。它要解决各种气候和地理条件下，圣火燃烧不受影响，还要具备为电视拍摄和摄影时，提供清晰的火焰图形等条件。还要是轻便、安全和环保的。这些都需要先进可靠的技术，以及扎实的数据作为保障。”经过反复试验，一套拥有完全自主知识产权的内部燃烧系统研发成功。这套系统通过增加稳压装置、主燃室和预燃室双保险等方式，解决了大风、大雨下的燃烧等一系列难题，通过了验收。

多重 if 选择结构

下面通过例2-11学习多重if选择结构。

【例2-11】期末考试结束，班级将要评优。如果王东的Java成绩大于或等于90分，他将被评为“优秀”；如果Java成绩大于或等于80分，他将被评为“良好”；如果Java成绩大于或等于70分，他将被评为“中等”；如果Java成绩大于或等于60分，他将被评为“及格”；否则是“不及格”。

分析：与上个问题不同的是，除了要实现条件成立执行的操作以外，还要实现条件不成立时，再次细分条件成立和条件不成立的执行操作。可将该问题用数轴的形式分成几个区间进行判断，如图2-36所示。

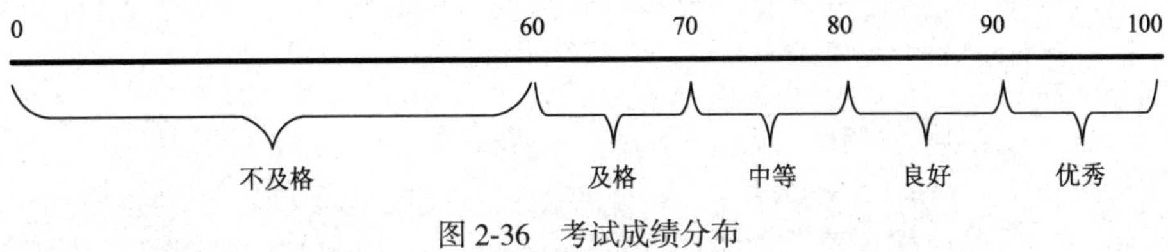

图 2-36 考试成绩分布

由此可见，如果使用单个if选择结构不可能实现；如果使用多个if选择结构来实现，但条件写起来很复杂，也不可取。在程序设计中还有一种if选择结构——多重if选择结构。多重if选择结构多用于解决判断条件是连续的区间。

语法结构如下：

```
if(条件1){
    代码块1
}else if (条件2){
    代码块2
}else{
    代码块3
}
```

多重if选择结构流程图如图2-37所示。

由图可知：首先，程序判断条件1，如果成立，则执行代码块1，然后直接跳出多重if选择结构，执行其后面的代码。这种情况下，代码块2和代码块3都不会被执行。如果条件1不成立，则判断条件2，如果条件2成立，则执行代码块2，然后跳出多重if选择结构，执行其后面的代码。这种情况下，代码块1和代码块2也不成立，则代码块1和代码块2都不执行，直接执行代码块3。

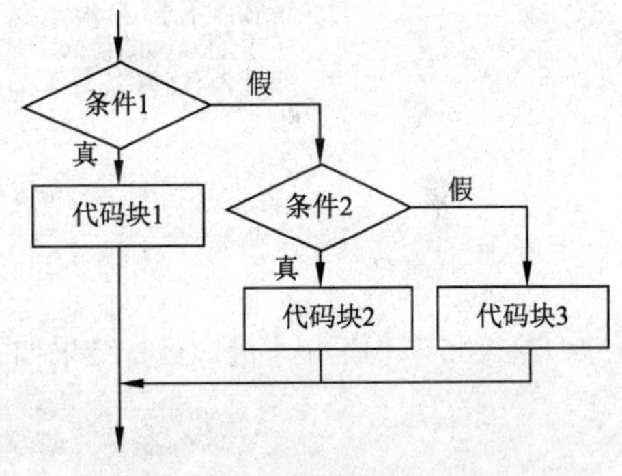

图 2-37 多重 if 选择结构流程图

其中，else if 块可以有多个或没有，需要几个else if 块完全取决于需要。

注意： *else块最多有一个或没有，else块必须放在else if块之后。*

既然知道了多重if选择结构的语法结构，那么如何使用多重if选择结构解决该问题？完整代码如下所示：

```
import java.util.Scanner;
public class TestIf5 {
    public static void main(String[] args) {
        Scanner input=new Scanner(System.in);
        //提示要输入Java成绩
        System.out.print("请输入王东的Java成绩: ");
```

```
        //从控制台获取Java成绩
        int score=input.nextInt();
        System.out.println("王东的Java成绩"+score);
        //判断王东的Java成绩
        if(score>=90) {
            System.out.println("被评为:优秀");
        }else if(score>=80){
            System.out.println("被评为:良好");
        }else if(score>=70){
            System.out.println("被评为:中等");
        }else if(score>=60){
            System.out.println("被评为:及格");
        }else {
            System.out.println("被评为:不及格");
        }
    }
}
```

输入96按【Enter】键，运行结果如图2-38所示。

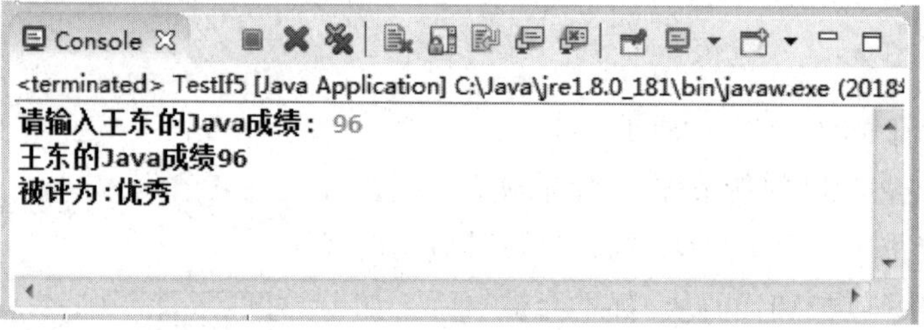

图 2-38　Java 成绩等于 96 分的运行结果

输入85按【Enter】键，运行结果如图2-39所示。

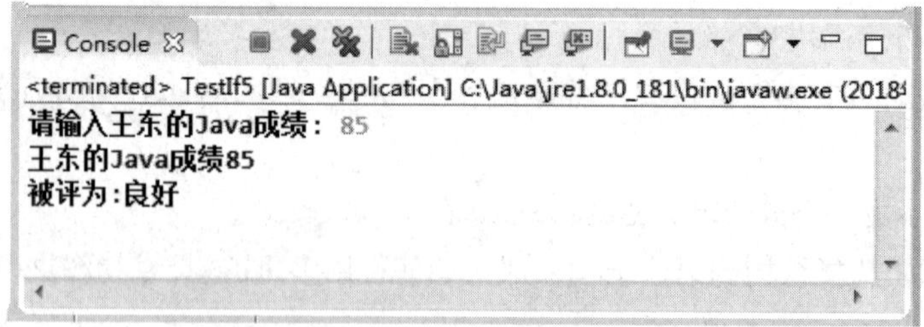

图 2-39　Java 成绩等于 85 分的运行结果

输入78按【Enter】键，运行结果如图2-40所示。

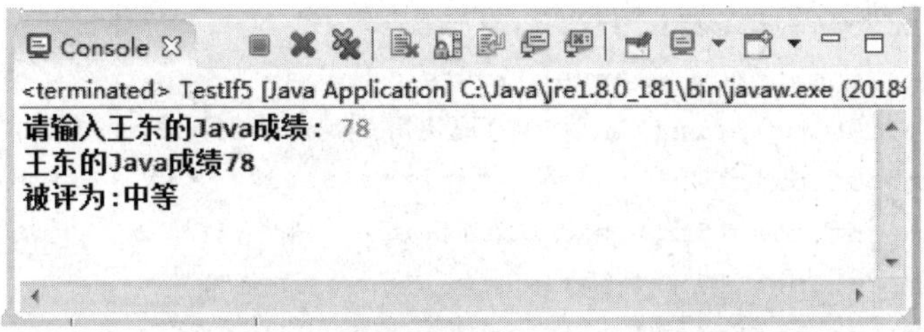

```
Console
<terminated> TestIf5 [Java Application] C:\Java\jre1.8.0_181\bin\javaw.exe (2018
请输入王东的Java成绩：78
王东的Java成绩78
被评为:中等
```

图 2-40　Java 成绩等于 78 分的运行结果

输入67按【Enter】键，运行结果如图2-41所示。

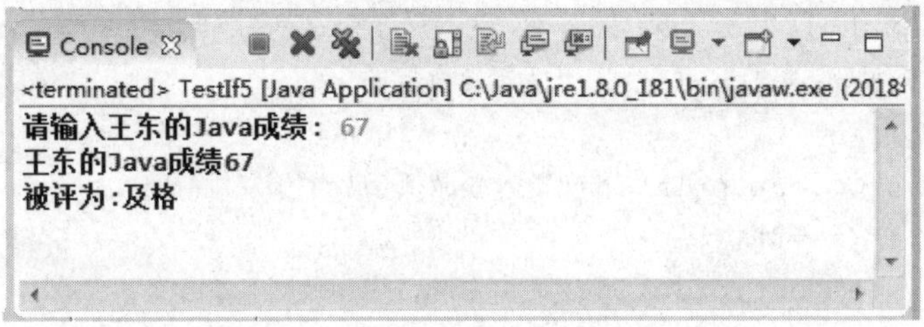

```
Console
<terminated> TestIf5 [Java Application] C:\Java\jre1.8.0_181\bin\javaw.exe (2018
请输入王东的Java成绩：67
王东的Java成绩67
被评为:及格
```

图 2-41　Java 成绩等于 67 分的运行结果

输入57按【Enter】键，运行结果如图2-42所示。

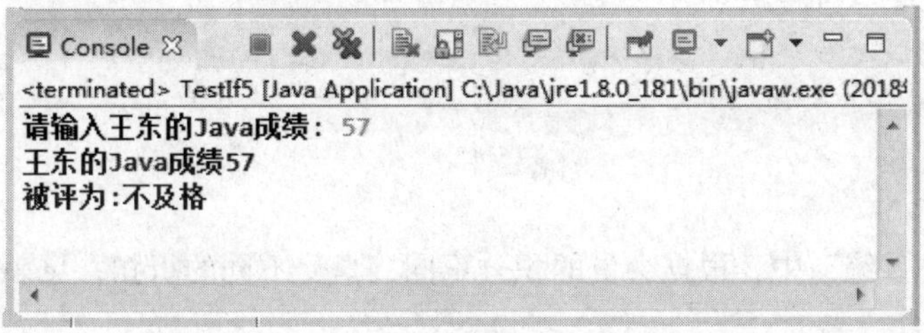

```
Console
<terminated> TestIf5 [Java Application] C:\Java\jre1.8.0_181\bin\javaw.exe (2018
请输入王东的Java成绩：57
王东的Java成绩57
被评为:不及格
```

图 2-42　Java 成绩等于 57 分的运行结果

任务实施

步骤1：双击项目名称“3XShopping”。

步骤2：双击包名“com.soft.shopping”。

步骤3：在包中新建一个Java类，并且给类命名为“MainMenu.java”。

步骤4：双击类文件名，打开类窗口编辑器。

输入代码如下：

```
/**
 * 用多分支if选择结构，实现从系统界面切换到主菜单的功能
 */
import java.util.Scanner;
public class MainMenu {
```

```
    public static void main(String[] args) {
        Scanner input=new Scanner(System.in);
        System.out.println("\n\t\t欢迎使用3X购物管理系统");
        System.out.println("*********************************************");
        System.out.println("\t\t    1. 注    册\n");
        System.out.println("\t\t    2. 登    录\n");
        System.out.println("\t\t    3. 退    出\n");
        System.out.println("*********************************************");
        System.out.print("请选择，输入数字(1-3)：");
        int n=input.nextInt();
        if(n==1){
            System.out.println("进入注册页面！");
        }else if(n==2){
            System.out.println("进入登录页面！");
        }else if(n==3){
            System.out.println("退出系统，谢谢使用！");
        }else {
            System.out.println("输入有误，请重新输入！");
        }
        //System.out.println("程序结束！");
    }
}
```

拓展任务

在“3X购物管理系统”中，根据会员的积分不同，享受不同的折扣，见表2-10。编程实现计算会员购物时获得的折扣。

运行结果如图2-43所示。

表 2-10　根据会员积分享受的折扣

会员积分	折　扣
score < 1000	9 折
1000 ≤ score<2000	8 折
2000 ≤ score< 4000	7 折
score ≥ 4000	6 折

图 2-43　根据会员积分享受的折扣

实现代码如下：

```
/**
 * 根据会员的积分不同，享受不同的折扣
 */
import java.util.Scanner;
public class CalcDiscount{
```

```
    public static void main(String[] args){
        /* 输入会员积分 */
        System.out.print("请输入会员积分：");
        Scanner input=new Scanner(System.in);
        int custPoints=input.nextInt();
        double discount;
        /* 判断折扣 */
        if(custPoints<1000) {
            discount=0.9;
        }else if(1000<=custPoints && custPoints<2000) {
            discount=0.8;
        }else if(2000<=custPoints && custPoints<4000) {
            discount=0.7;
        }else{
            discount=0.6;
        }
        System.out.println("该会员享受的折扣是：" + discount);
    }
}
```

任务6　切换系统菜单

任务描述

实现“3X购物管理系统”菜单之间的切换功能。

输入数字1：进入注册界面；

输入数字2：进入登录界面；

输入数字3：退出并显示“谢谢您的使用！”。

运行结果如图2-44～图2-49所示。

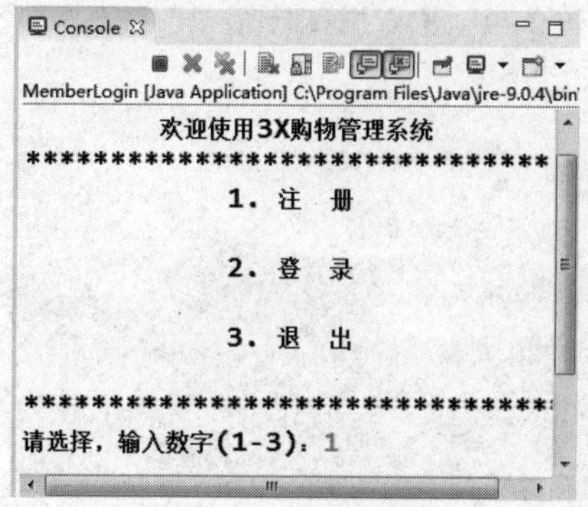

图2-44　进入“3X购物管理系统”主界面

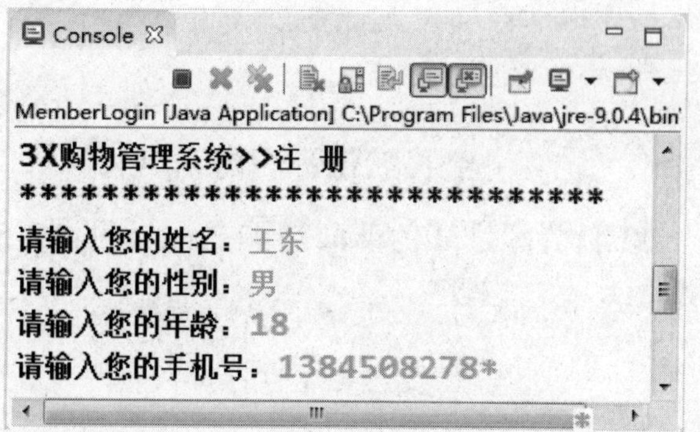

图2-45　进入“3X购物管理系统”注册页面

输入菜单选项1，进入“注册”界面，如图2-45所示。

输入注册信息，按【Enter】键，显示程序运行结果，如图2-46所示。

“请确认您的个人信息(y/n):”，输入“y”，显示“注册成功，欢迎您使用！”。

输入菜单选项2，进入“登录权限”界面，如图2-47所示。

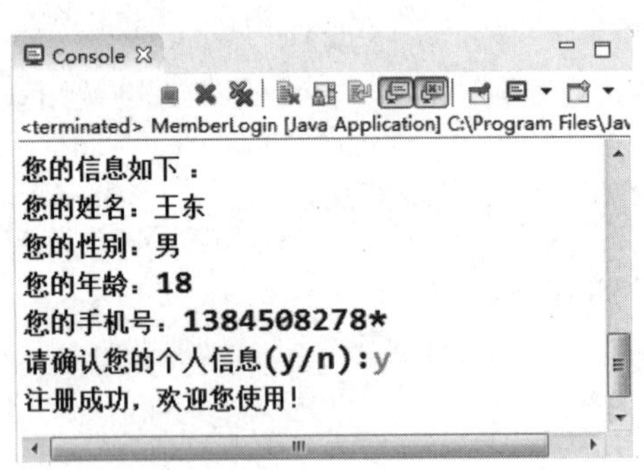

图 2-46　显示注册信息

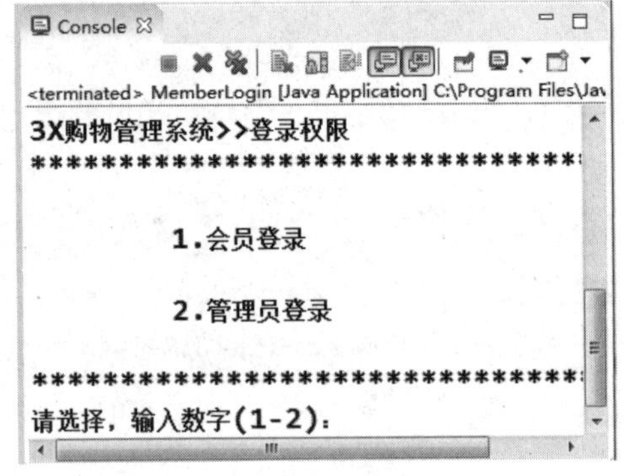

图 2-47　“登录权限”界面

输入1，按【Enter】键，进入“会员登录”界面，如图2-48所示。

输入2，按【Enter】键，进入“管理员登录”界面，如图2-49所示。

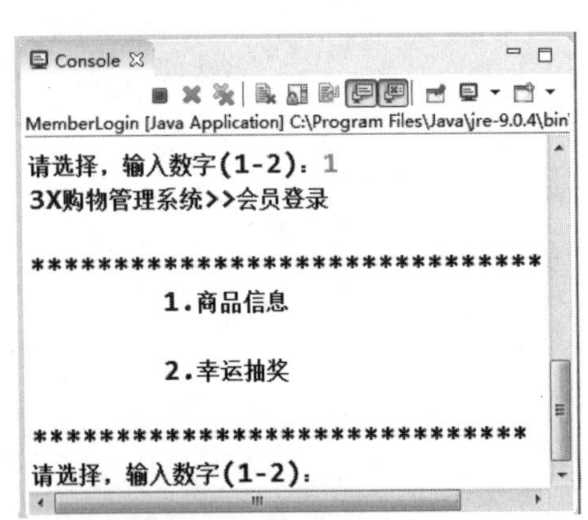

图 2-48　进入“会员登录”界面

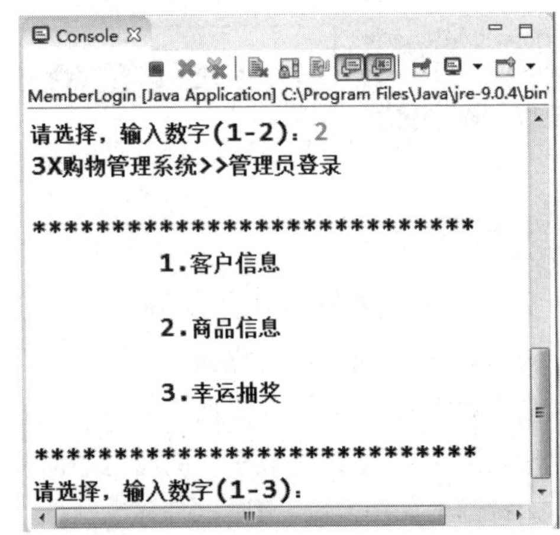

图 2-49　进入“管理员登录”界面

潜移默化、润物无声

红船精神是红色革命精神之一（见图2-50）

开天辟地、敢为人先的首创精神；

坚定理想、百折不挠的奋斗精神；

立党为公、忠诚为民的奉献精神。

图 2-50　红船

知识链接

一、嵌套 if 选择结构

【例2-12】学校要举行篮球比赛，现在各班选拔篮球运动员，要求性别为男，身高在180 cm以上。

分析：解决该问题有两种方法。第一种：先判断性别是否为“男”，再判断身高是否在180 cm以上。第二种：先判断身高是否在180 cm以上，再判断性别是否为“男”。这类问题就需要使用嵌套if选择结构来解决。

什么是嵌套if选择结构？嵌套if选择结构就是在if选择结构中再嵌入if选择结构，其语法结构如下：

```
if(条件1){
    if(条件2){
        代码块1
    }else{
        代码块2
    }
}else{
    代码块3
}
```

嵌套if结构的流程图如图2-51所示。

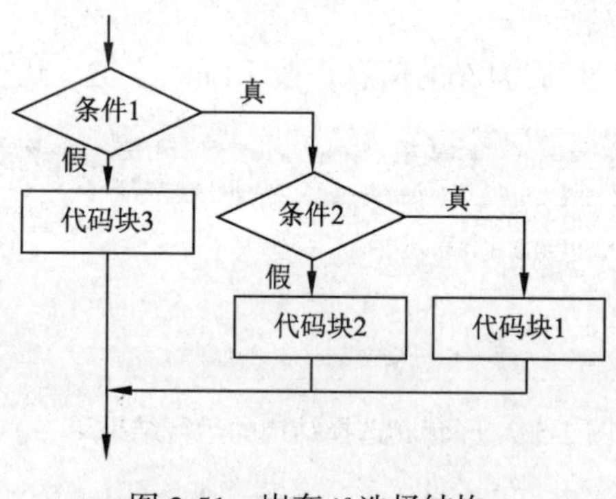

图 2-51　嵌套 if 选择结构

使用嵌套if选择结构解决该问题，代码如下所示：

```
//例2-12代码
import java.util.Scanner;
public class TestIf6 {
    public static void main(String[] args) {
        Scanner input=new Scanner(System.in);
        System.out.print("请输入学生姓名：");
        String name=input.next();
        System.out.print("请输入学生性别：");
```

```
        String gender=input.next();
        System.out.print("请输入学生身高: ");
        int height=input.nextInt();
        if(gender.equals("男")){
            if(height>=180){
                System.out.println(name+"的身高: "+height+"厘米, 进入校篮球队! ");
            }else{
                System.out.println("淘汰! ");
            }
        }else{
            System.out.println("等待校女子篮球队招募! ! ! ");
        }
    }
}
```

输入姓名、性别为“男”、身高为182的信息，按【Enter】键，运行结果如图2-52所示。

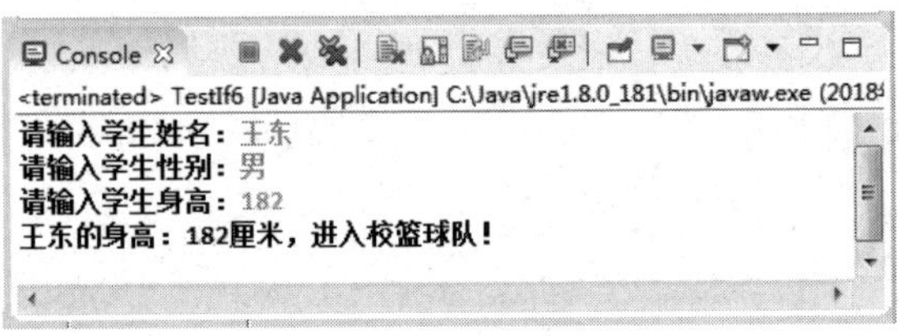

图 2-52　嵌套 if 选择结构的运行结果（一）

输入姓名、性别为“男”、身高为176的信息，按【Enter】键，运行结果如图2-53所示。

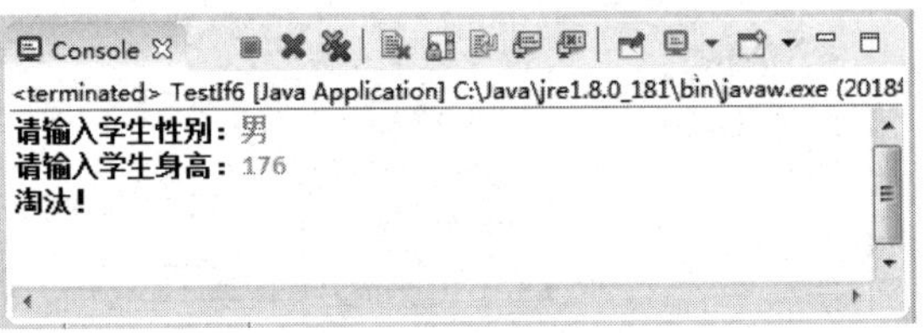

图 2-53　嵌套 if 选择结构的运行结果（二）

输入姓名、性别为“女”、身高为180的信息，按【Enter】键，运行结果如图2-54所示。

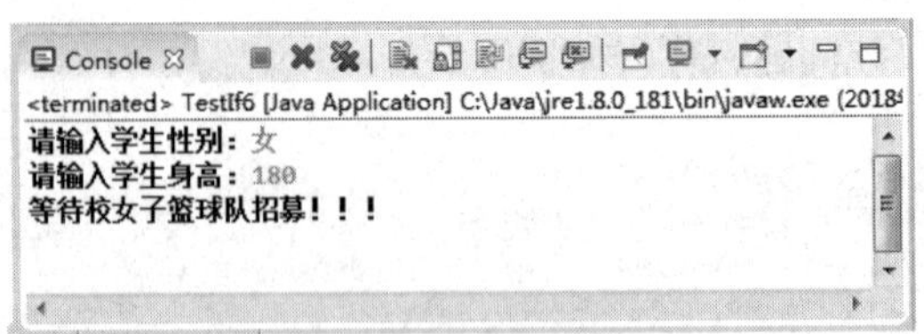

图 2-54　嵌套 if 选择结构的运行结果（三）

注意：

① 只有当满足外层if选择结构条件时，才会判断内层if的条件。

② else总是与它前面最近的那个缺少else的if配对。

if结构书写规范如下：

- 为了使if结构更加清晰，应该把每个if或else包含的代码块用大括号括起来。
- 相匹配的一对if和else应该左对齐。
- 内层的if结构相对于外层的if结构要有一定的缩进。

视　频

实现切换界面的功能

二、switch 分支语句结构

如上所述，多重if选择结构是实现多分支的语句。但是当分支较多时，使用这种形式会显得比较麻烦，程序的可读性差且容易出错。Java提供了switch语句实现“多者择一”的功能。switch语句的一般格式如下：

```
switch(表达式)
{
    case 常量1: 语句组1; [break;]
    case 常量2: 语句组2;[break;]
    …
    case 常量n-1: 语句组n-1;[break;]
    case 常量n: 语句组n;[break;]
    default: 语句组n+1;
}
```

其中：

① 表达式是可以生成整数或字符值的整型表达式或字符型表达式；

② 常量i（i=1~n）是对应于表达式类型的常量值。各常量值必须是唯一的；

③ 语句组i（i=1~n+1）可以是空语句，也可是一个或多个语句；

④ break关键字的作用是结束本switch结构语句的执行，跳到该结构外的下一个语句执行。

switch语句的执行流程如图2-55所示。

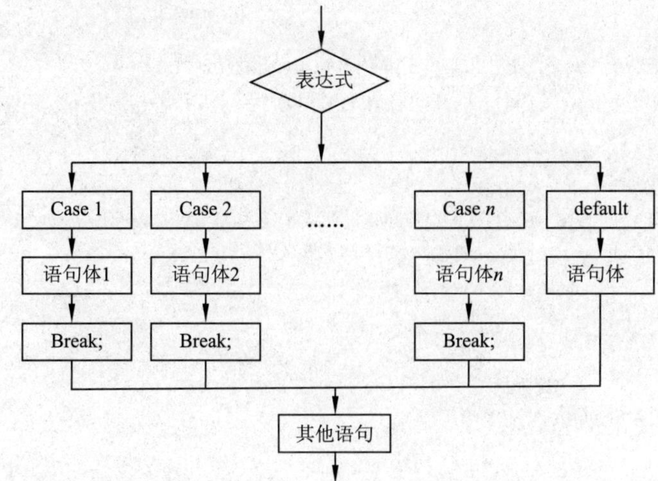

图 2-55　switch 语句的执行流程

先计算表达式的值，根据表达式的值查找与之匹配的常量i。若找到，则执行语句组i，遇到break语句，跳出switch结构；否则，继续执行其他语句组。如果没有查找到与表达式的值相匹配的常量i，则执行default关键字中的语句$n+1$。

【例2-13】对例2-11进行改进，使用switch结构进行编码实现相同的效果。

代码如下：

```
//例2-13代码
import java.util.Scanner;
public class TestSwitch {
    public static void main(String[] args) {
        Scanner input=new Scanner(System.in);
        System.out.print("请输入学生姓名: "); //提示要输入学生姓名
        String name=input.next();           //从控制台获取name的Java成绩score
        System.out.print("请输入学生的Java成绩: "); //提示要输入Java成绩
        int score=input.nextInt();          //从控制台获取Java成绩
        switch((int)(score/10)){
        case 10:
        case  9:
            System.out.println(name+"的Java成绩"+score);
            System.out.println("被评为:优秀");
            break;
        case  8:
            System.out.println(name+"的Java成绩"+score);
            System.out.println("被评为:良好");
            break;
        case  7:
            System.out.println(name+"的Java成绩"+score);
            System.out.println("被评为:中等");
            break;
        case  6:
            System.out.println(name+"的Java成绩"+score);
            System.out.println("被评为:及格");
            break;
        default:
            System.out.println(name+"的Java成绩"+score);
            System.out.println("被评为:不及格");
        }
    }
}
```

程序运行结果如图2-56所示。

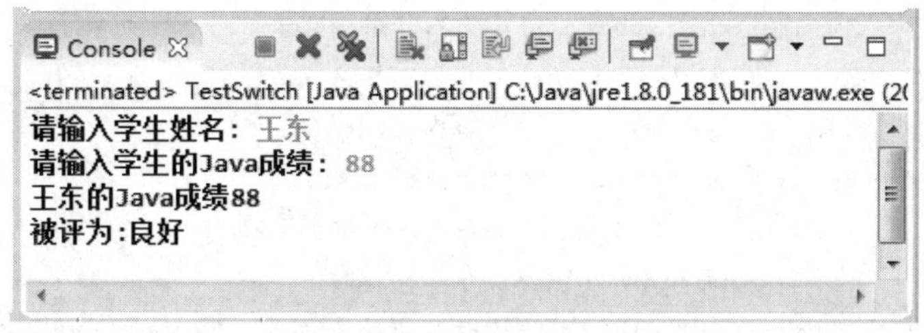

图 2-56 switch 选择结构的应用

通过该案例可知：当需要多重分支并且条件判断是等值判断的情况时，使用switch选择结构代替多重if选择结构会更简单，代码结构更清晰易读。在使用switch选择结构时不要忘记在每个case的最后写上break语句。

任务实施

首先思考一下实现思路：①界面整体设计；②使用数字标识所选择的菜单号，如“1为注册，2为登录，3为退出”；③从控制台获取用户输入的数字；④根据用户选择的菜单号，执行相应的操作；⑤嵌套实现一级级菜单选项。

在任务一的基础上，继续完成下面的功能。

① 选择“1.注册”，进入“注册界面”。根据提示输入注册信息，并输出注册信息让用户进行确认，如果无误，输入“y”，输出“注册成功，欢迎您使用！”；如果有误，输入“n”，输出“注册失败，请重新注册！”；如果输入其他信息，输出“输入有误，请重新输入！”。

实现代码如下所示：

```
//实现注册功能
import java.util.Scanner;
public class MemberLogin {
    public static void main(String[] args) {
        Scanner input = new Scanner(System.in);
        System.out.println("\n\t\t欢迎使用3X购物管理系统");
        System.out.println("********************************");
        System.out.println("\t\t    1. 注    册\n");
        System.out.println("\t\t    2. 登    录\n");
        System.out.println("\t\t    3. 退    出\n");
        System.out.println("**********************************");
        System.out.print("请选择，输入数字(1-3)：");
        int n=input.nextInt();
        switch(n){
            case 1:
                //System.out.println("进入注册页面！");
                System.out.println("\n3X购物管理系统>>注  册");
                System.out.println("*****************************");
```

```
                System.out.print("请输入您的姓名: ");
                String name=input.next();
                System.out.print("请输入您的性别: ");
                String sex=input.next();
                System.out.print("请输入您的年龄: ");
                int age=input.nextInt();
                System.out.print("请输入您的手机号: ");
                String tel=input.next();

                System.out.println("\n您的信息如下 : ");
                System.out.println("您的姓名: "+name);
                System.out.println("您的性别: "+sex);
                System.out.println("您的年龄: "+age);
                System.out.println("您的手机号: "+tel);

                System.out.print("请确认您的个人信息(y/n):");
                String answer=input.next().toLowerCase();
                switch(answer){
                    case "y":
                        System.out.println("注册成功, 欢迎您使用! ");
                        break;
                    case "n":
                        System.out.println("注册失败, 请重新注册! ");
                        break;
                    default:
                        System.out.println("输入有误, 请重新输入! ");
                        break;
                }
            break;
            case 2:
                //System.out.println("进入登录页面! ");
                break;
            case 3:
                System.out.println("退出系统, 谢谢使用! ");
                break;
            default:
                System.out.println("输入有误, 请重新输入! ");
                break;
        }
    }
}
```

② 选择“2.登录”，进入“登录权限”界面。修改上段代码中第一层switch选择结构中的“case

2:”中的代码。

实现代码如下所示：

```
//实现登录权限功能
case 2:
    //System.out.println("进入登录页面！");
    System.out.println("\n3X购物管理系统>>登录权限");
    System.out.println("************************************");
    System.out.println("\n\t1.会员登录\n");
    System.out.println("\t2.管理员登录\n");
    System.out.println("************************************");
    System.out.print("请选择，输入数字（1-2）：");
```

③ 选择“1.会员登录”，进入“会员登录”界面。

实现代码如下所示：

```
//实现会员登录界面功能
int n1=input.nextInt();
switch(n1){
     case 1:
        //System.out.println("进入会员登录页面！");
        System.out.println("3X购物管理系统>>会员登录\n");
        System.out.println("********************************");
        System.out.println("\t1.商品信息\n");
        System.out.println("\t2.幸运抽奖\n");
        System.out.println("********************************");
        System.out.print("请选择，输入数字：");
```

④ 在“会员登录”界面中有两个选项。选择“1.商品信息”，输出“进入‘商品信息’页面！”；选择“2.幸运抽奖”，输出“进入‘幸运抽奖’页面！”；如果输入其他，输出“输入有误，请重新输入！”。

实现代码如下所示：

```
//实现会员登录界面的选择功能
        int n2=input.nextInt();
        switch(n2){
            case 1:
                System.out.println("进入'商品信息'页面！");
                break;
            case 2:
                System.out.println("进入'幸运抽奖'页面！");
                break;
            default:
                System.out.println("输入有误，请重新输入！");
                break;
```

```
        }
        reak;
    case 2:
        //System.out.println("进入管理员登录页面！");
        break;
    case 3:
        System.out.println("退出系统，谢谢使用！");
        break;
    default:
        System.out.println("输入有误，请重新输入！");
        break;
```

⑤ 选择“2.管理员登录”，进入“管理员登录”界面。

实现代码如下所示：

```
//实现管理员界面功能
    System.out.println("3X购物管理系统>>管理员登录\n");
    System.out.println("******************************");
    System.out.println("\t1.客户信息\n");
    System.out.println("\t2.商品信息\n");
    System.out.println("\t3.幸运抽奖\n");
    System.out.println("******************************");
    System.out.print("请选择，输入数字（1-3）：");
```

⑥ 在“管理员界面”中有三个选项。选择“1.客户信息”，输出“进入‘客户信息’页面！”；选择“2.商品信息”，输出“进入‘商品信息’页面！”；选择“3.幸运抽奖”，输出“进入‘幸运抽奖’页面！”；如果输入其他，输出“输入有误，请重新输入！”。

实现代码如下所示：

```
//实现管理员界面的选择功能
int n3=input.nextInt();
switch(n3){
    case 1:
        System.out.println("进入'客户信息'页面！");
        break;
    case 2:
        System.out.println("进入'商品信息'页面！");
        break;
    case 3:
        System.out.println("进入'幸运抽奖'页面！");
        break;
    default:
        System.out.println("输入有误，请重新输入！");
        break;
}
```

拓展任务

习近平总书记多次在不同场合提出：发展体育运动，增强人民体质，促进群众体育和竞技体育全面发展。全国人民响应号召，全民健身，你我同行，同心共筑中国梦。

为了提高全班同学的身体素质，老师给大家制定了一个健身计划，见表2-11，要求每人每天打卡。

表2-11　打卡健身计划表

星　期	一	二	三	四	五	六	日
健身项目	跑步	跳绳	仰卧起坐	跑步	跳绳	仰卧起坐	休息

程序运行结果如图2-57所示。

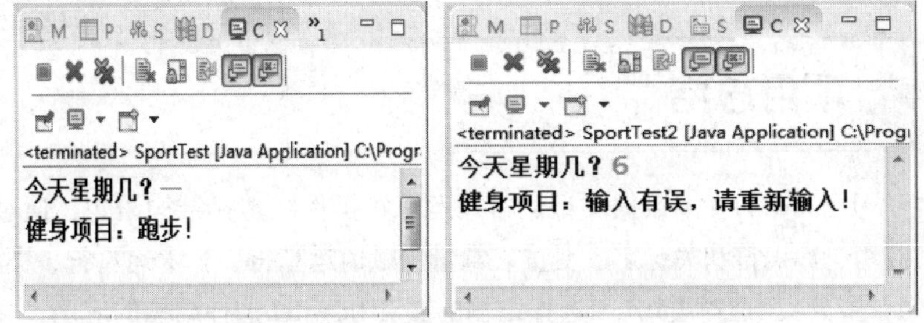

图2-57　输入正确的信息和输入错误的信息运行结果

实现代码如下所示：

```
/**
 * 使用switch选择结构，实现运动打卡
 *
 */
import java.util.Scanner;
public class SportTest2 {
    public static void main(String[] args) {
        Scanner input=new Scanner(System.in);
        System.out.print("今天星期几？");
        String day=input.next();
        System.out.print("健身项目：");
        switch(day) {
            case "一":
            case "四":
                System.out.println("跑步！");
                break;
            case "二":
            case "五":
                System.out.println("跳绳！");
                break;
```

```
            case "三":
            case "六":
                System.out.println("仰卧起坐！ ");
                break;
            case "日":
                System.out.println("休息！ ");
                break;
            default:
                System.out.println("输入有误，请重新输入！ ");
        }
    }
}
```

项目总结

本项目主要学习了Java的基本数据类型、常用运算符操作、选择结构语句，通过这些知识点掌握基本数据类型应用、标识符和关键字、变量、常量、赋值运算符、算术运算符、类型转换、if选择语句、if-else语句、多分支if选择语句、if选择结构的嵌套和switch选择结构的应用，并掌握画流程图的方法。

项目实训

实训一：周末，小明一家人去购物，买了一些商品，如图2-58所示，现编程实现购物结算功能。

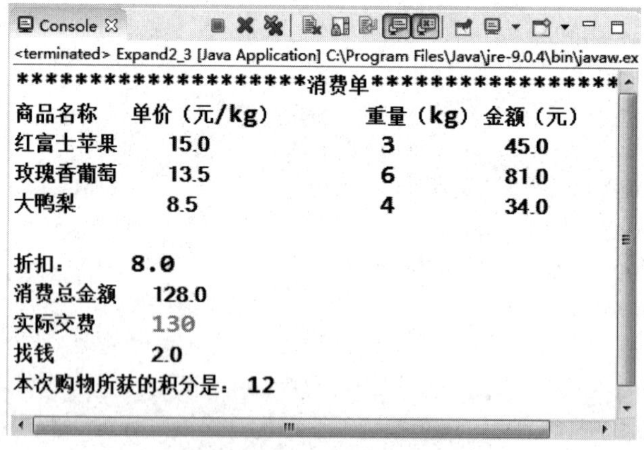

图 2-58 实现购物结算

实训二：商场举办周年庆活动，超市设置了购物抽奖环节，其抽奖规则为：如果会员号的百位数字等于产生的随机数字，则该会员是幸运客户，获iPad一个，运行结果如图2-59所示。

图 2-59 非幸运会员输出结果

课后拓展

职业生涯规划为我们提供了一条走向成功的路径，帮助我们树立明确的目标与规划，运用科学的方法，切实可行的措施，发挥个人的专长，开发自己的潜能，克服生涯发展困难，避免人生陷阱，不断修正前进的方向，最后获得事业的成功。

请你编程实现：给自己设定一个一年、三年、五年、十年的职业规划。

课后习题

一、单选题

1. 假定 x 和 y 为整型，其值分别为 27 和 5，则 x/y 为（　　）。

   A. 5　　B. 2　　C. 1　　D. 5.2

2. 表达式 (15+3*4)/4%3 的值是（　　）。

   A. 31　　B. 0　　C. 1　　D. 2

3. 为一个 boolean 类型变量赋值时，可以使用（　　）方式。

   A. boolean a=1　　B. boolean a=(9>=14)

   C. boolean a="真"　　D. boolean a==false;

4. 分析下面代码，输出的结果是（　　）。

```
double d=56.15;
d++;
int c=d/2;
```

   A. 28　　B. 编译错误，更改为 int c=(nt)d/2;

   C. 29　　D. 编译错误，更改为 int c=int(d)/2;

5. 下列关于 if 选择结构描述错误的是（　　）。

   A. if 选择结构是根据条件判断之后再做处理的一种语法结构

   B. 关键字 if 后小括号里必须是一个条件表达式，表达式的值必须为布尔类型

C. if 后小括号里表达式的值为 false 时，程序需要执行大括号里的语句

D. if 语句可以和 else 一起使用

6. 编译运行如下 Java 代码，输出结果是（　　）。

```
Public class Test{
    Public static void main(String[] args){
        int num=5;
        if(num<=5){
            num+=2;
            System.out.println(num);
        }
        System.out.println(num+5);
    }
}
```

A. 10　　B. 5
10　　C. 7
12　　D. 运行出错

7. 下面代码段的输出结果为（　　）。

```
int year=2050;
if(!(year%2==0)){
    if(year/10==0){
        System.out.println("进入了if");
    }
}else{
    System.out.println("进入了else");
}
System.out.println("退出");
```

A. 进入了 if　　B. 退出　　C. 进入了 else 退出　　D. 进入了 if 退出

8. 在流程图中，下面说法正确的是（　　）。

A. "菱形"表示计算步骤 / 处理符号　　B. "长方形"表示程序开始或结束

C. "圆角长方形"表示判断和分支　　D. "平行四边形"表示输入 / 输出指令

9. 下列关于多重 if 选择结构的说法正确的是（　　）。

A. 多个 else if 块之间的顺序可以改变，改变之后对程序的执行结果没有影响

B. 多个 else if 块之间的顺序可以改变，改变之后可能对程序的执行结果有影响

C. 多个 else if 块之间的顺序不可以改变，改变后程序编译不通过

D. 多个 else if 块之间的顺序不可以改变，改变后程序编译可以通过

10. 有 else if 块的选择结构是（　　）。

A. 基本 if 选择结构　B. if-else 选择结构　C. 多重 if 选择结构　D. switch 选择结构

11. 下列关于 if 选择结构和 switch 选择结构的说法正确的是（　　）

A. if-else 选择结构中 else 是必须有的　　B. 多重 if 选择结构中 else 语句可选

C. 嵌套 if 选择结构中不能包含 else 语句　　D. switch 选择结构中 default 语句可选

12. 下面程序的运行结果是（　　）。

```
public class weather{
    public static void main(String[] args){
        int weight=45;
        if(weight >=100){
        System.out.println("体重超过100 kg, 肥胖! ");
        }else if{ weight >=85}{
            System.out.println ("体重在85~100 kg, 轻度肥胖! ");
        } else if{ weight >=60}{
            System.out.println ("体重在60~85 kg, 标准体重! ");
        } else if{ weight >=0}{
            System.out.println ("体重在0~60 kg, 偏瘦! ");
        }
    }
}
```

A. 体重超过 100 kg，肥胖!　　B. 体重在 85 ~ 100 kg，轻度肥胖!

C. 体重在 60 ~ 85 kg，标准体重!　　D. 体重在 0 ~ 60 kg，偏瘦!

13. 下面代码段的运行结果为（　　）。

```
int day=3;
switch(day){
    case 1;
    case 3;
    case 5;
        System.out.println("学画画! ")
        break;
    case 2;
        System.out.println("打跆拳道! ")
    default:
        System.out.println("休息哦! ")
}
```

A. 学画画!　　B. 学画画! 打跆拳道! 休息哦!

C. 学画画! 休息哦!　　D. 没有任何输出

14. 表达式 (11+3*8)%4/2 的值是（　　）。

A. 31　　B. 4　　C. 1　　D. 2

15. 以下关于 break 语句和 continue 语句的说法正确的是（　　）。

A. continue 语句的作用是结束整个循环的执行

B. 在循环体内和 switch 结构体内可以使用 break 语句

C. 循环体内使用 break 语句或 continue 语句的作用相同

D. 在 switch 结构体内也可以使用 continue

二、多选题

1. 以下变量名合法的是（　　）。

A. double　　B. apple　　C. sum　　D. cus_name

2. 下列语句中，（　　）正确完成了整型变量的声明和赋值。

A. int score;score=0　　B. int score=0

C. score=0　　D. int score1=0,score2=;

3. 下面（　　）是 Java 关键字。

A. public　　B. string　　C. int　　D. avg

4. 在 JDK1.7 中，下列有关 switch 选择结构的说法，正确的是（　　）。

A. switch 选择结构可以完全替代多重 if 选择结构

B. 当条件判断为等值判断，并且判断的条件为字符时，可以使用 switch 选择结构

C. 当条件判断为等值判断，并且判断的条件为字符串时，可以使用 switch 选择结构

D. 当条件判断为等值判断，并且判断的条件为整型变量时，可以使用 switch 选择结构

5. 在 Java 中，以下（　　）选项的内容是合法的包名。

A. com.jb.chap.exam01　　B. .jp.chap

C. com.jb.chap　　D. com.jb.*

6. 关于多重循环，下列说法正确的是（　　）。

A. 多重循环指一个循环体内包含另一个完整的循环结构

B. 多重循环语句可以嵌套任意层次

C. while、do-while 和 for 循环不可以相互嵌套

D. 在内层循环中执行 break 语句，将跳出外层循环

7. SUN 公司将 Java 划分为三个技术平台，它们分别是（　　）。

A. Java SE（Java 平台标准版）　　B. Java ME（Java 平台小型版）

C. Java EE（Java 平台企业版）　　D. Java WE（Java 平台普通版）

8. “\n”和“\t”的作用分别（　　）。

A. 换行　　B. 光标移到下一个制表位

C. 跳转　　D. 字体放大一倍

9. 以下说法正确的是（　　）。

A. Java 代码严格区分大小写　　B. main() 是程序的主入口

C. 关键字不能作为自定义标识符使用　　D. 标识符命名要符合见名知义

10. 下面变量的默认初始值正确的有（　　）。

A. int 类型的成员变量初始化值为 0　　B. float 类型的成员变量初始化值为 0

C. 字符串的初始值为 null　　D. 布尔型的初始值为 true

三、上机实训

1. 打印四行正三角形。

2. 重复从键盘获取成绩，使用switch/case结构循环输出成绩等级。其中90 ~ 100分为A，80 ~ 90分为B，70 ~ 80分为C，60 ~ 70分为D，60分以下为E。

3. 从控制台输入直角三角形的高度（行数），打印倒直角三角形。

项目 3 实现商品模块的功能

项目描述

本项目的目标是要求学习者在掌握了循环语句、跳转语句、数组等相关知识点后，能够熟练地进行分析问题，找到解决问题的方法，用以处理生活中的实际问题。实现“3X购物管理系统”中的商品模块功能，其主要包含以下任务：

- 任务1 查询库存商品信息；
- 任务2 添加入库商品信息；
- 任务3 修改库存商品信息；
- 任务4 删除下架商品信息；
- 任务5 购买系统中的商品。

“爱岗敬业”精神

爱岗敬业是爱岗与敬业的总称。爱岗和敬业，互为前提，相互支持，相辅相成。“爱岗”是“敬业”的基石，“敬业”是“爱岗”的升华。爱岗敬业指的是忠于职守的事业精神，这是职业道德的基础。爱岗就是热爱自己的工作岗位，热爱本职工作，敬业就是要用一种恭敬严肃的态度对待自己的工作。例如：

杭州湾跨海大桥工程指挥部副总指挥、总工程师林文体在建桥期间深入基层，参与研究当地地理情况，发现并攻克了海床里有天然气喷发危险的难题，他为大桥建设兢兢业业，呕心沥血。

作为大学生的我们要树立正确价值观，树立职业荣誉感，将来要热爱工作、尽职尽责、认真严谨。

学习目标

知识目标

- 掌握while循环语句的语法和特点；
- 掌握do-while循环语句的语法和特点；

- 掌握for循环语句的语法和特点；
- 掌握一维数组的初始化和应用；
- 掌握break跳转语句的特点和应用；
- 掌握二维数组的初始化和应用；
- 掌握continue语句的特点和应用。

能力目标

- 会使用while和do-while循环语句解决实际问题；
- 会使用for循环语句解决实际问题；
- 能够灵活使用数组处理实际问题；
- 能够灵活使用跳转语句；
- 能够利用二维数组解决问题；
- 能够灵活使用循环嵌套解决问题；
- 掌握跳转语句在二重循环中的应用。

素质目标

- 培养学习者对信息加工、总结、归纳等的能力；
- 培养学习者良好的团队合作能力和抗压能力；
- 培养学习者正确的编码规范能力；
- 培养学习者守时、求是、求知的职业道德；
- 团队协同按时完成任务，培养学习者认真、严谨、规范、科学、高效的工作作风。

任务 1　查询库存商品信息

任务描述

“3X购物管理系统”的管理员想了解商品的库存情况，管理员需要登录到“3X购物管理系统”中，输入商品编号，即可查询到该编号的商品信息，包括：商品编号、商品名称、商品价格和商品数量。请编程实现商品查询功能帮助管理员查找商品。

商品查询运行结果如图3-1所示。

视频

实现查询商品的功能

```
<terminated> FindGoods [Java Application] C:\Program Files\Java\jre-9.0.4\bin\java
3X购物管理系统>>商品查询

****************************************
请选择购买的商品编号：
1.男士衬衫    2.裙子    3.运动鞋    4.运动帽
****************************************
请输入商品编号：2
商品编号  商品名称    商品价格  商品数量
  2       裙子        570.0       3

是否继续（y/n）y
请输入商品编号：4
商品编号  商品名称    商品价格  商品数量
  4       运动帽      240.0       6

是否继续（y/n）n
谢谢您的使用，欢迎您下次光临！
```

图 3-1　实现商品查询功能

一、循环结构

何为循环？循环就是重复，反复做的事情。

在程序中，就是重复执行的某段代码。但循环并不是无休止地执行，它是在满足一定的条件下，才可以执行，这个条件就是“循环条件”；反复执行的代码段就是“循环操作”，如图3-2所示。

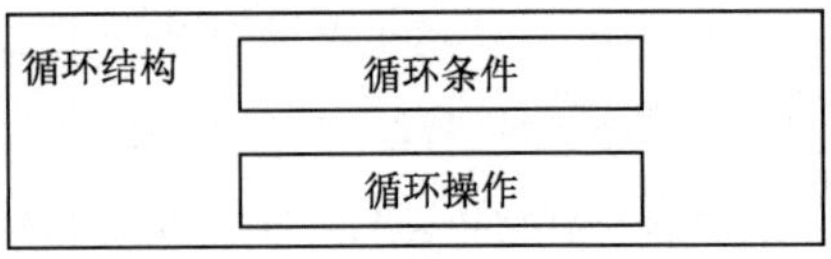

循环结构
循环条件
循环操作

图 3-2 循环结构的构成

循环语句分为while语句、do-while语句和for语句三种。下面逐一学习。

二、while 语句

1. 语法

```
while(循环条件){
    循环操作
}
```

2. 流程图

While语句的流程图如图3-3所示。

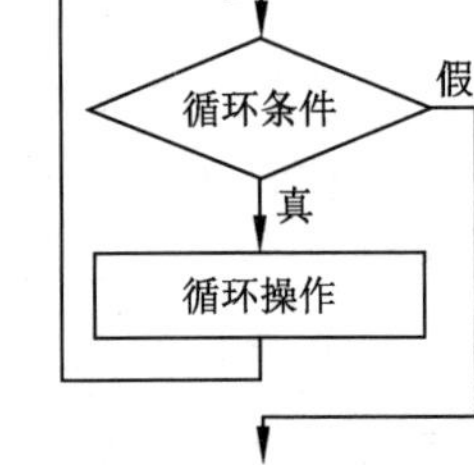

图 3-3 while 语句的流程图

由流程图可知，while语句的执行顺序：

首先，声明并初始化循环变量。其次，判断循环条件是否满足，如果满足则执行循环操作；不满足则退出循环操作；执行完循环操作后，再次判断循环条件是否满足，决定继续执行循环或退出循环。

3. 循环特点

先判断，后执行。

4. 循环次数

如果循环条件不满足，则一次也不执行，所以循环次数大于或等于0。

【例3-1】用while语句编程实现：从控制台输入一个整数n，计算$1+2+3+\cdots+n$结果。

运行结果如图3-4所示。

图 3-4 求 n 个数的和

while语句的实现代码：

```
public class TestSum {
    public static void main(String[] args) {
        //求1+2+3+…+n的和
        int i=0;     //循环控制变量i
        int sum=0;   //累加和
```

```
        int n;            //输入的整数n
        Scanner input=new Scanner(System.in);
        System.out.print("请输入整数n的值：");
        n=input.nextInt();
        while(i<=n){
            sum=sum+i;
            i++;
        }
        System.out.println("sum="+sum);
    }
}
```

任务实施

步骤1：双击项目名称“3XShopping”。

步骤2：双击包名“com.soft.shopping”。

步骤3：在包中新建一个Java类，并且给类命名为“FindGoods.java”。

步骤4：双击类文件名，打开类窗口编辑器。

输入代码如下：

```
/**
 * 使用while实现：商品查询
 */
import java.util.Scanner;
public class FindGoods {

    public static void main(String[] args) {
        String name="";                          //商品名称
        double price=0.0;                        //商品价格
        int goodsNo=0;                           //商品编号
        int num=0;
        System.out.println("3X购物管理系统>>商品查询\n");
        //商品清单
        System.out.println("********************************************");
        System.out.println("请选择购买的商品编号：");
        System.out.println("1.男士衬衫       2.裙子       3.运动鞋       4.运动帽");
        System.out.println("************************************");

        Scanner input = new Scanner(System.in);
        String answer = "y";            //标识是否继续

        while("y".equals(answer)){
            System.out.print("请输入商品编号：");
```

```
                goodsNo=input.nextInt();
                switch(goodsNo){
                    case 1:
                        goodsNo=1;
                        name="男士衬衫";
                        price=270.0;
                        num=4;
                        break;
                    case 2:
                        goodsNo=2;
                        name="裙子";
                        price=570.0;
                        num=3;
                        break;
                    case 3:
                        goodsNo=3;
                        name="运动鞋";
                        price=870.0;
                        num=2;
                        break;
                    case 4:
                        goodsNo=4;
                        name="运动帽";
                        price=240.0;
                        num=6;
                        break;
                }
                System.out.println("商品编号\t商品名称\t    商品价格\t商品数量");
                System.out.println("  "+goodsNo+"\t"+name+ "\t   " + price +
"\t    "+num+"\n");
                System.out.print("是否继续（y/n）");
                answer=input.next();
            }
            System.out.println("谢谢您的使用，欢迎您下次光临！");
        }
    }
```

拓展任务

用while语句编程实现：从控制台输入一个整数n，求0～n之间偶数的和。

运行结果如图3-5和图3-6所示。

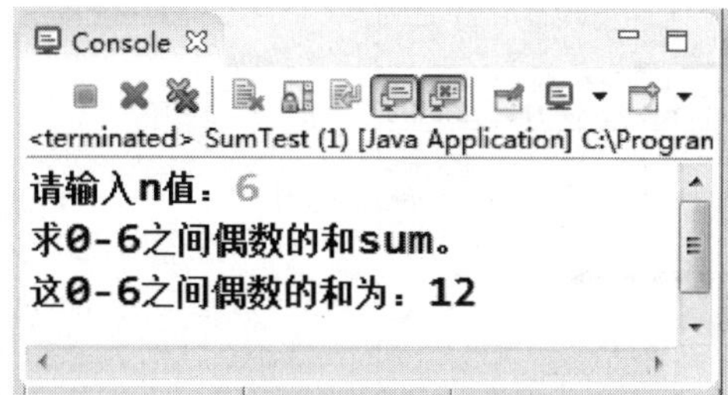

图 3-5 给 n 赋值 6

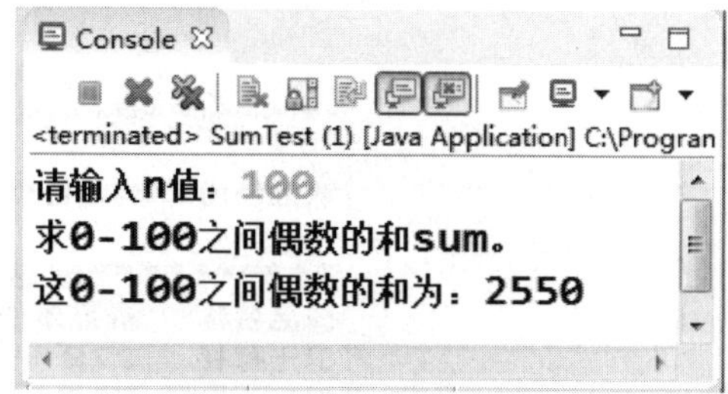

图 3-6 给 n 赋值 100

实现代码如下所示：

```
package cn.soft.chapter03.expand;

import java.util.Scanner;
public class SumTest {

    public static void main(String[] args) {
        Scanner input=new Scanner(System.in);

        int sum=0,i=1;
        System.out.print("请输入n值：");
        int n=input.nextInt();
        System.out.println("求0-"+n+"之间偶数的和sum。");
        while(i<=n) {
            if(i%2==0){
                sum=sum+i;
            }
            i++;
        }
        System.out.println("这0-"+n+"之间偶数的和为："+sum);
    }
}
```

任务 2 添加入库商品信息

任务描述

新到一批商品，现要将商品添加到“3X购物管理系统”库存中，输入商品信息，包括：商品编号、商品名称、商品价格和商品数量。

运行结果如图3-7所示。

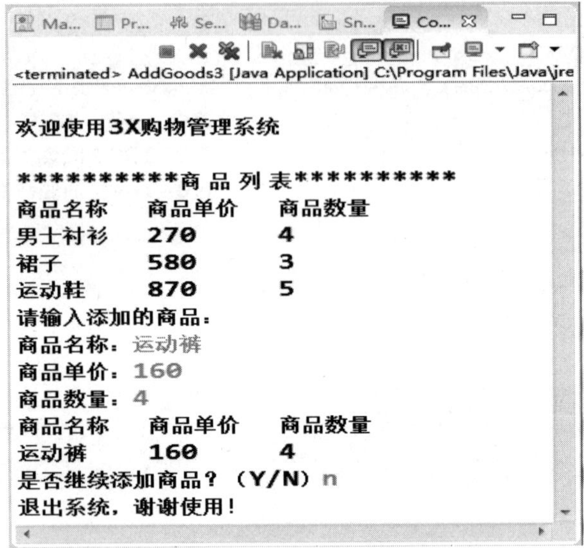

图 3-7　实现商品添加的功能

潜移默化、润物无声

故不积跬步，无以至千里；不积小流，无以成江海。骐骥一跃，不能十步；驽马十驾，功在不舍。锲而舍之，朽木不折；锲而不舍，金石可镂。

——荀子

一、Do-while 循环语句

1. 语法

```
do{
    循环操作
}while(循环条件);
```

注意：do-while()结构后以分号()结尾。

2. 流程图

do-while语句的流程图如图3-8所示。

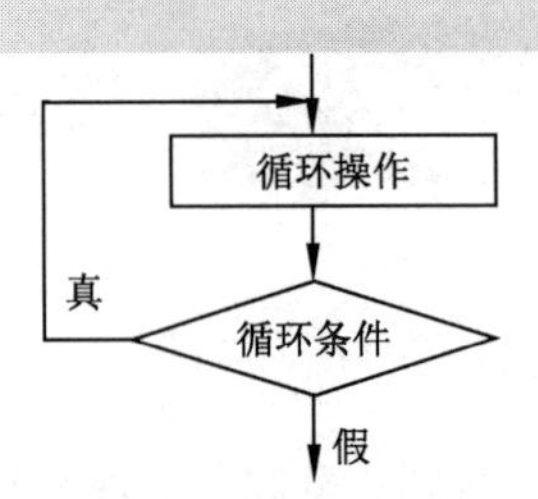

图 3-8　do-while 语句的流程图

由流程图可知，do-while语句的执行顺序：

首先，声明并初始化循环变量。其次，执行一遍循环操作；再判断循环条件是否满足，如果满足则继续执行循环操作；不满足则退出循环操作。

3．循环特点

先执行，后判断。

4．循环次数

do-while循环是先执行一遍循环操作，再判断循环条件是否继续执行，所以循环次数永远是大于或等于1。

【例3-2】用do-while语句编程实现下面的功能：星期天，小明和妈妈去3X购物超市购物，他们在挑选商品，妈妈逛累了，问小明“挑选完了吗？”，小明说“NO”，他们又继续逛……过了一会儿，妈妈又问小明“挑选完了吗？”，小明终于说“Yes”。妈妈说“可以去收银台付款了！”。运行结果如图3-9所示。

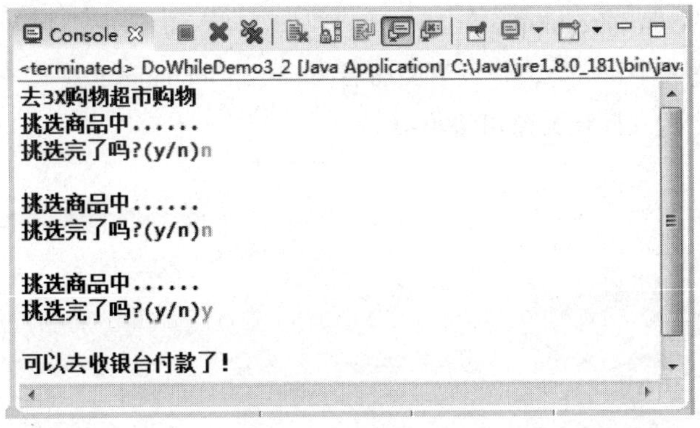

图 3-9　运行结果

do-while语句的实现代码：

```
/**
* 使用do-while循环实现挑选商品的功能
*/
import java.util.Scanner;
public class DoWhileDemo {
    public static void main(String[] args) {
        Scanner input=new Scanner(System.in);
        String answer="";          //标识是否合格
        System.out.println("去3X购物超市购物");
        do{
            System.out.println("挑选商品中......");
            System.out.print("挑选完了吗?(y/n)");
            answer=input.next();
            System.out.println("");
        }while(!"y".equals(answer));
        System.out.println("可以去收银台付款了！");
    }
}
```

由while语句和do-while语句循环结构可知，循环结构分成4个部分，分别为：

- 初始部分：设置循环的初始状态，如设置记录循环次数的变量*i* 为0。
- 循环体：重复执行的代码。
- 迭代部分：下一循环开始前要执行的部分，在while循环结构中它作为循环体的一部分，如使用“i++;”进行循环次数的累加。
- 循环条件：判断是否继续循环的条件。

任务实施

步骤1：双击项目名称“3XShopping”。

步骤2：双击包名“com.soft.shopping”。

步骤3：在包中新建一个Java类，并且给类命名为“AddGoods.java”。

步骤4：双击类文件名，打开类窗口编辑器。

输入代码如下：

```
/**
 * 添加商品信息
 */
import java.util.Scanner;
public class AddGoods {
    public static void main(String[] args) {
        System.out.println("\n欢迎使用3X购物管理系统\n");
        System.out.println("**********商 品 列 表**********");
        String Gname1="男士衬衫";
        int GPrice1=270;
        int GNum1=4;
        String Gname2="裙子";
        int GPrice2=580;
        int GNum2=3;
        String Gname3="运动鞋";
        int GPrice3=870;
        int GNum3=5;
        System.out.println("商品名称\t商品单价\t商品数量");
        System.out.println(Gname1+"\t"+GPrice1+"\t"+GNum1);
        System.out.println(Gname2+"\t"+GPrice2+"\t"+GNum2);
        System.out.println(Gname3+"\t"+GPrice3+"\t"+GNum3);
        System.out.println("请输入添加的商品：");
        Scanner input=new Scanner(System.in);
        String answer;
        do{
            System.out.print("商品名称：");
            String Gname4=input.next();
```

```
            System.out.print("商品单价：");
            int GPrice4=input.nextInt();
            System.out.print("商品数量：");
            int GNum4=input.nextInt();
            System.out.println("商品名称\t商品单价\t商品数量");
            System.out.println(Gname4+"\t"+GPrice4+"\t"+GNum4);
            System.out.print("是否继续添加商品?(Y/N)");
            answer=input.next();
        }while(answer.equalsIgnoreCase("Y"));
        if(answer.equalsIgnoreCase("N")){
            System.out.print("退出系统，谢谢使用！");
        }
    }
}
```

拓展任务

用do-while语句编程实现：根据“中国居民平衡膳食餐盘图”（见图3-10），计划一周食谱并实现查询功能。

运行结果如图3-11所示。

图 3-10　中国居民平衡膳食餐盘图

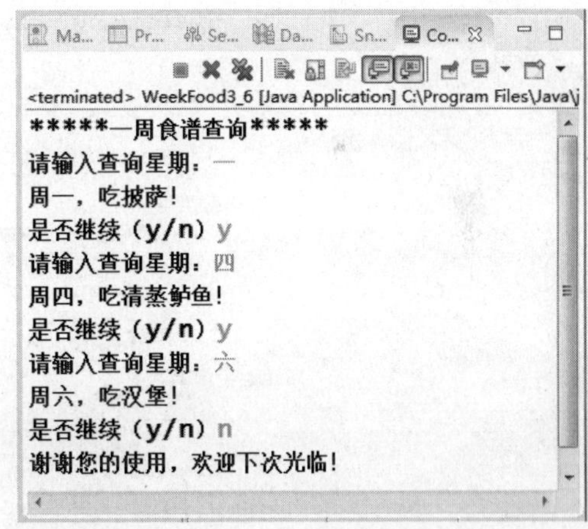

图 3-11　一周食谱查询

实现代码如下：

```
/**
 * 用do-while语句编程实现：一周食谱查询
 *
 */
import java.util.Scanner;

public class WeekFood {
```

```
    public static void main(String[] args) {
        //break语句的使用
        System.out.println("*****一周食谱查询*****");
        Scanner input=new Scanner(System.in);
        String answer="";
        do {
            System.out.print("请输入查询星期：");
            String week=input.next();
            switch(week) {
                case "一":
                    System.out.println("周一，吃披萨！");
                    break;
                case "二":
                    System.out.println("周二，吃排骨米饭！");
                    break;
                case "三":
                    System.out.println("周三，吃红烧牛肉！");
                    break;
                case "四":
                    System.out.println("周四，吃清蒸鲈鱼！");
                    break;
                case "五":
                    System.out.println("周五，吃咖喱饭！");
                    break;
                case "六":
                    System.out.println("周六，吃汉堡！");
                    break;
                case "日":
                    System.out.println("周日，吃锅包肉！");
                    break;
                default:
                    System.out.println("输入有误！");
                    break;
            }
            System.out.print("是否继续（y/n）");
            answer = input.next();
        }while("y".equals(answer));
        System.out.println("谢谢您的使用，欢迎下次光临！");
    }
}
```

任务 3　修改库存商品信息

任务描述

在“3X购物管理系统”中，请按商品编号修改商品信息，包括：商品编号、商品名称、商品价格和商品数量。

运行结果如图3-12所示。

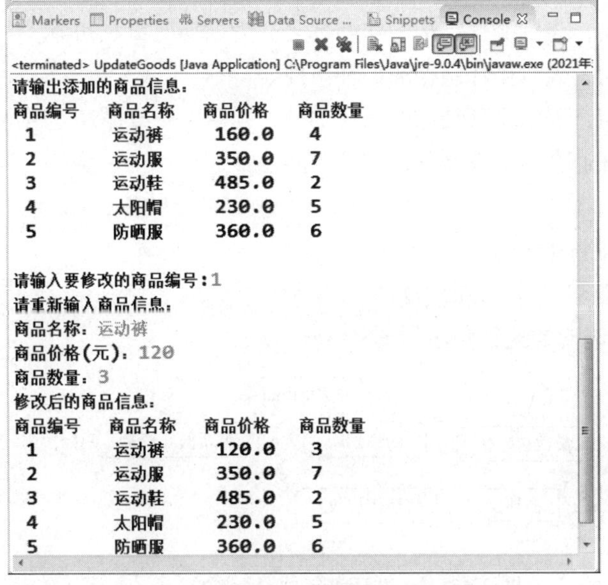

图 3-12　实现商品修改的功能

视 频

实现修改商品信息的功能

潜移默化、润物无声

垃圾分类、举手之劳，变废为宝、美化环境，如图3-13所示。

图 3-13　垃圾分类、举手之劳，变废为宝、美化环境

知识链接

一、for循环语句

1. 语法

```
for(表达式1;表达式2;表达式3){
    循环操作
}
```

说明：

- 表达式1代表赋值语句，表示循环结构的初始部分，为循环变量赋初值。
- 表达式2代表条件语句，表示循环结构的循环条件。
- 表达式3代表迭代语句，表示循环结构的迭代部分，常用来修改循环变量的值。
- for关键字后面括号中的3个表达式必须用“;”隔开。

2. 流程图

for循环语句的流程图如图3-14所示。

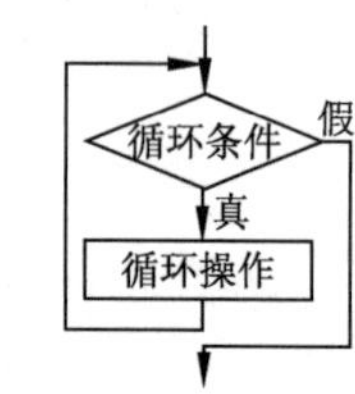

图 3-14 for语句的流程图

3. 执行顺序

由流程图可知，for循环语句的执行顺序如图3-15所示。

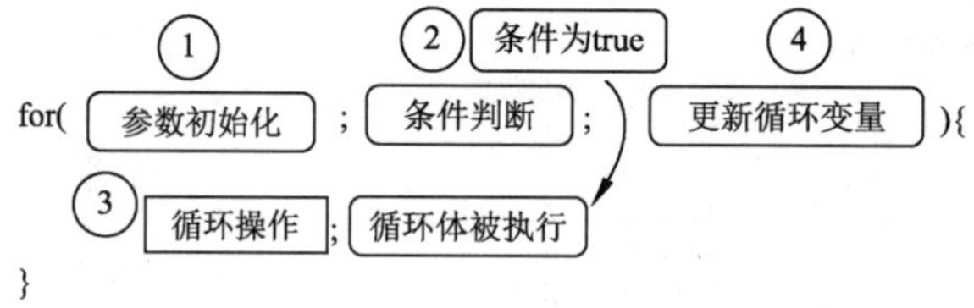

图 3-15 for循环语句的执行顺序

- 第①步执行初始化部分。
- 第②步进行循环条件判断。
- 根据循环条件判断结果。
- 如果为true，则执行循环体第③步。
- 如果为false，则退出循环，步骤③和步骤④均不执行。
- 执行迭代部分步骤④，改变循环变量值（i++）。
- 依次重复步骤②～步骤④，直到退出for循环结构。

4. 循环特点

先判断，后执行。

5. 循环次数

如果循环条件不满足，则一次也不执行，所以循环次数大于或等于0。

【例3-3】用for循环语句编程实现：期末考试结束，小明想算算自己5门课程的总分和平均分。运行结果如图3-16所示。

```
Console
<terminated> AverageScore [Java Application] C:\Java\jre1.8.0_181\bin\javaw.e
输入学生姓名：小明
请输入5门功课中第1门课的成绩：90
请输入5门功课中第2门课的成绩：78
请输入5门功课中第3门课的成绩：68
请输入5门功课中第4门课的成绩：77
请输入5门功课中第5门课的成绩：94
小明的总分是：407
小明的平均分是：81.4
```

图 3-16 期末考试成绩

利用for循环语句的实现代码如下所示：

```
import java.util.*;
public class AverageScore {
    /**
     * 计算一个学生5门课程的总分和平均分
     */
    public static void main(String[] args){
        int score;                              //每门课的成绩
         int sum=0;                             //成绩之和
         double avg=0.0;                        //平均分
        Scanner input=new Scanner(System.in);
        System.out.print("输入学生姓名：");
        String name=input.next();
        for(int i=0; i<5; i++){                 //循环5次录入5门课成绩
            System.out.print("请输入5门功课中第"+(i+1)+"门课的成绩：");
            score=input.nextInt();              //录入成绩
            sum=sum + score;                    //计算成绩和
        }
        avg=(double)sum/5;                      //计算平均分
        System.out.println(name+"的总分是："+sum);
        System.out.println(name+"的平均分是："+avg);
    }
}
```

二、跳转语句

循环结构中，执行循环时要进行条件判断。只有在条件为“false”时，才能结束循环。但是，有时根据实际情况需要停止整个循环或者跳到下一个循环，有时需要从程序的一部分跳转到程序的其他部分，这些都可以由跳转语句来完成。

视频

break跳转语句

Java支持3种形式的跳转：break、continue和return。下面来学习其中的两种：break和continue。

这里重点介绍break语句的使用。

由上例可以看出：在switch选择结构中，break语句用于终止switch选择结构中的某个分支，使用程序跳出switch选择结构，执行switch选择结构外的下一条语句。

在循环结构中，break语句用于终止某个循环，使程序跳转循环体外的下一条语句。在循环中位于break后的语句将不再执行，循环也停止执行，如图3-17所示。

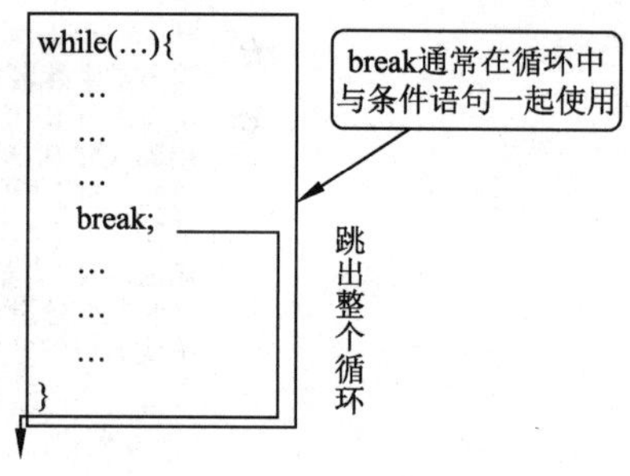

图 3-17　break 语句的执行

【例3-4】循环录入某个学生5门课程的成绩并计算总分和平均分，如果分数录入为负，则停止录入并提示录入错误，如图3-18和图3-19所示。

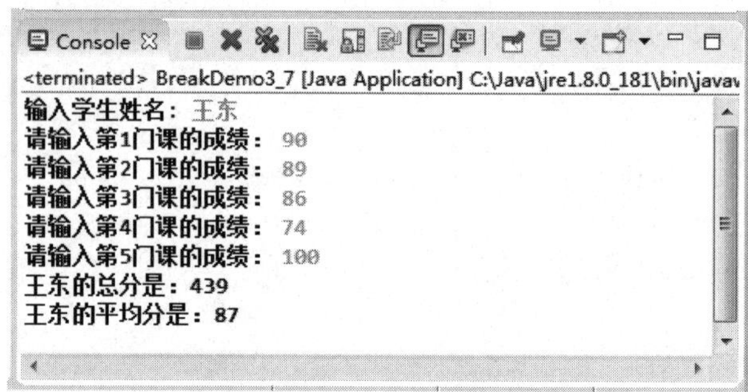

图 3-18　录入正确时的运行结果

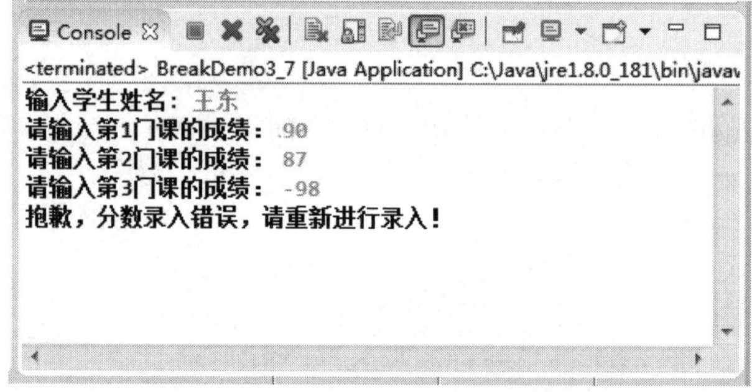

图 3-19　录入错误时的运行结果

实现代码如下：

```
import java.util.Scanner;
public class BreakDemo{
    /**
     * 循环录入学生成绩，输入负数则退出
     */
    public static void main(String[] args) {
        int score;                                    //每门课的成绩
        int sum=0;                                     //成绩之和
```

```
        int avg;                                    //平均分
        boolean isNegative=false;                   //是否为负数
        Scanner input=new Scanner(System.in);
        System.out.print("输入学生姓名: ");
        String name=input.next();                   //输入姓名
        for(int i=0; i<5; i++){                     //循环5次录入5门课成绩
            System.out.print("请输入第" + (i+1) + "门课的成绩: ");
            score=input.nextInt();
            if(score<0){                            //输入负数
                isNegative = true;
                break;
            }
            sum=sum + score;                        //累加求和
        }
        if(isNegative){
            System.out.println("抱歉，分数录入错误，请重新进行录入！");
        }else{
            avg=sum / 5;                            //计算平均分
            System.out.println(name+"的总分是: "+sum);
            System.out.println(name+"的平均分是: "+avg);
        }
    }
}
```

注意：break语句不仅可以用在for循环结构中，也可以用在while和do-while循环结构中。break语句通常与if条件语句一起使用。

三、数组

1．数组概述

（1）定义

用于存储相同数据类型的一组数据变量。数组中的每个数据元素都属于同一种数据类型。数组是指在内存空间中连续存储的一串存储单元，如图3-20所示。

视 频

数组的初始化

（2）数组的基本要素

- 标识符：数组的名称，用于区分不同的数组。
- 数组元素：向数组中存放的数据。
- 元素下标：对数组元素进行编号，从0开始，数组中的每个元素都可以通过下标访问。
- 元素类型：数组元素的数据类型。

数组元素的组成如图3-20所示，由图可得：

①数组只有一个名称，即标识符Price。

② 数据元素在数组中顺序排列编号，该编号即为数组下标，它标明了元素在数组中的位置。第一个元素的下标编号规定为0，此数组的元素下标依次为：0、1、2、3……

③ 数组中的每个元素都可以通过下标访问。由于元素是按照顺序存储的，每个元素固定对应一个下标，因此可以通过下标快速访问到每个元素。例如，Price[0]指数组中的第一个元素50，Price[1]指数组中的第二个元素98。

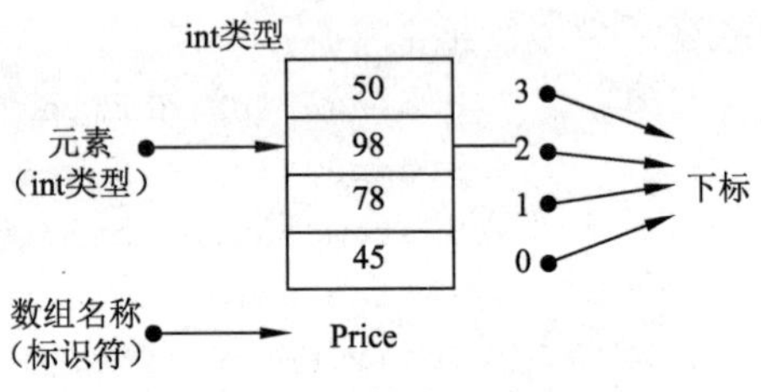

图 3-20　数组元素的组成

④ 数组的大小（长度）是数组可容纳元素的最大数量。定义一个数组的同时也定义了它的大小。如果数组已满但是还继续向数组中存储数据的话，程序就会出错，这称为数组越界。图3-20中数组下标最大为3，如果数组的下标超过3，程序就会报错而终止。

2. 数组的使用

数组的使用需要如下4个步骤：

（1）声明数组

在Java中，声明一维数组的语法如下。

```
数据类型[]  数组名;
```

或者

```
数据类型  数组名[]
```

以上两种方式都可以声明一个数组，数组名可以是任何合法的变量名。

声明数组就是告诉计算机该数组中数据的类型是什么。例如：

```
int[] age;                    //用于存储学生的年龄，类型为int
double scores[];              //用于存储学生的成绩，类型为double
String[] names;               //用于存储学生的姓名，类型为String
char[] sex;                   //用于存储学生的性别，类型为char
```

（2）分配空间

```
数组名=new  数据类型[数组长度];
```

其中，数组长度就是数组中能存放的元素个数，所以数组的长度一定是大于或等于0的。例如：

```
age=new int[10];              //长度为10的int类型数组
scores=new double[10];        //长度为10的double类型数组
names=new String[20];         //长度为20的String类型数组
sex=new char[30];             //长度为30的char类型数组
```

可以将上面两个步骤合并，即在声明数组的同时给它分配空间。语法如下：

```
数据类型[] 数组名=new 数据类型[数组长度];
```

例如：

```
String  names[]=new String[20];  //存储20个学员成绩
```

数组一旦声明，数组的大小就不能再修改，即数组的长度是固定的。例如，上面名称为names的数组的长度是20，假如发现有21个学生名字需要存储，想把数组长度改为21，是不允许的，只能重新声明新的数组。

（3）赋值

分配空间后就可以向数组中存放数据了。向数组中存放数据，有三种方式：

① 数组中的每个元素都是通过下标来访问并给其赋值，语法如下：

```
数组名[下标值];
```

例如，向names数组中存放数据。

```
names[0]="张三";
names[1]="李四" ;
names[2]="王五";
…
```

如果这样一个一个赋值，非常烦琐。

② 仔细观察上面的代码，会发现数组的下标是有规律变化的，即从0开始顺序递增，所以可以使用循环变量表示数组下标，从而利用循环给数组赋值。

```
Scanner input=new Scanner(System.in);
for(int i=0;i<3; i++){
    names[i]=input.next();    //从控制台接收键盘输入进行循环赋值
}
```

可见，运用循环简化了代码，可以达到给数组元素逐一赋值的效果。

③ 在Java中，可以将声明数组、分配空间和赋值合并完成，语法如下：

```
数据类型[]  数组名={值1,值2,值3,····,值n};
```

例如，使用这种方式创建names数组。

```
String[] names={"张三","李四", "王五","赵六"};
```

同时，它也等价于下面的代码：

```
String[] names=new String[]{"张三","李四", "王五","赵六"};
```

注意：直接创建并赋值的方式一般用于数组元素比较少的情况下使用，数组的声明、分配空间和赋值必须同时完成，如写成下面的代码，则是不合法的。

```
String[] names;
names={"张三","李四","王五","赵六"};  //提示错误
```

（4）对数据进行处理

【例3-5】编程实现："3X购物管理系统"双11搞促销活动，本次活动特价商品有："跑鞋系列""运动服系列""休闲运动包""速干系列""户外系统"，请打印输出这些特价商品。

程序运行结果如图3-21所示。

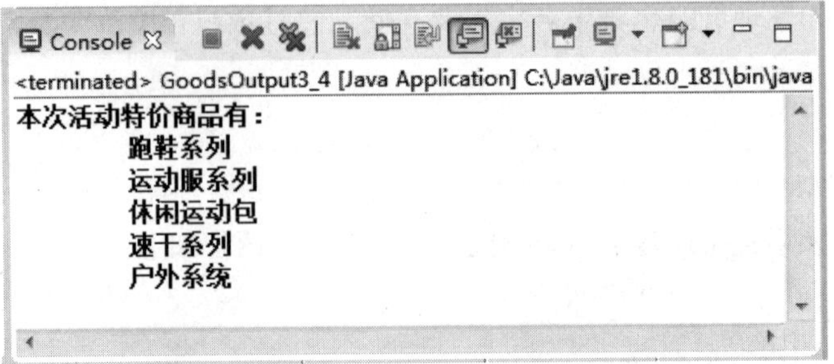

图 3-21　输出“3X 购物管理系统”中的促销活动商品名称

方法一：数组的声明、分配空间和赋值同时完成。编程实现的代码如下：

```
public class GoodsOutput {
    /**
     * 输出商品名称
     */
    public static void main(String[] args) {
        String[] goods=new String[]{"跑鞋系列","运动服系列","休闲运动包","速干系列",
"户外系统"};
        System.out.println("本次活动特价商品有：");
        for(int i=0; i<goods.length; i++){
            System.out.println("\t"+goods[i]);
        }
    }
}
```

方法二：从控制台输入商品信息，并打印输出。编程实现代码如下：

```
import java.util.Scanner;
public class GoodsOutput {
    /**
     * 输出商品名称
     */
    public static void main(String[] args) {
        String[] goods=new String[5];
        Scanner input=new Scanner(System.in);
        System.out.println("请输入本次活动的特价商品:");
        for(int i=0;i<goods.length;i++){
            System.out.print("第"+(i+1)+"件商品信息:");
            goods[i]=input.next();
        }
        System.out.println("本次活动特价商品有：");
        for(int i=0; i<goods.length; i++){
            System.out.println("\t"+goods[i]);
```

```
        }
    }
}
```

程序运行结果如图3-22所示。

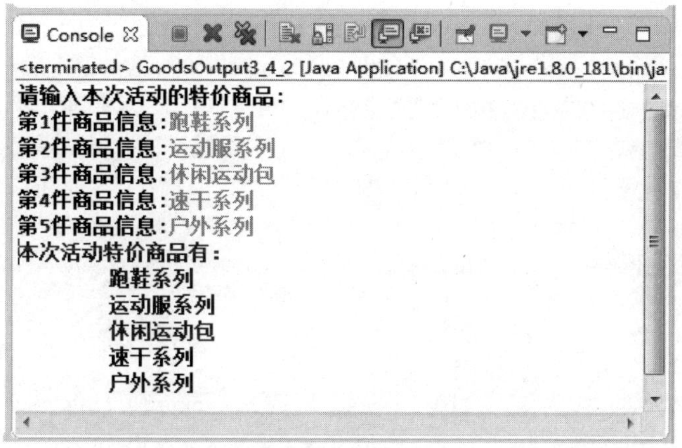

图 3-22 显示商品信息

任务实施

步骤1：双击项目名称“3XShopping”。

步骤2：双击包名“com.soft.shopping”。

步骤3：在包中新建一个Java类，并且给类命名为“UpdateGoods.java”。

步骤4：双击类文件名，打开类窗口编辑器。

输入代码如下：

```
/**
 * 使用for循环结构
 * 编程实现：按商品编号修改“3X购物管理系统”中的商品信息，包括商品名称、商品价格和商品数量
 * 打印输出修改前后的商品列表
 *
 */
import java.util.Scanner;
public class UpdateGoods {

    public static void main(String[] args) {
        int id[]={1,2,3,4,5};                                         //商品编号
        String name[]={"运动裤","运动鞋","运动服","防晒服","护膝"}; //商品名称
        Double price[]={160.0,385.0,490.0,267.0,85.0};            //商品价格
        int num[]={4,7,5,3,6};                                        //商品数量
        Scanner input=new Scanner(System.in);
```

```
        System.out.println("3X购物管理系统>>商品管理\n");

        //输出商品信息
        System.out.println("商品编号\t商品名称\t商品价格\t商品数量");
        System.out.println("********************************");
        for(int i=0;i<id.length;i++){
            System.out.print(" "+id[i]+"\t");
            System.out.print(" "+name[i]+"\t");
            System.out.print(" "+price[i]+"\t");
            System.out.println(" "+num[i]);
        }
        //修改商品信息
        System.out.print("\n请输入要修改的商品编号:");
        int Id=input.nextInt();
        for(int i=0;i<id.length;i++){
            if(id[i]==Id) {
                System.out.println("请重新输入商品信息: ");
                System.out.print("商品名称: ");
                name[i]=input.next();
                System.out.print("商品价格(元): ");
                price[i]=input.nextDouble();
                System.out.print("商品数量: ");
                num[i]=input.nextInt();
                break;
            }
        }
        //修改后的商品信息
        System.out.println("修改后的商品信息: ");
        System.out.println("商品编号\t商品名称\t商品价格\t商品数量");
        System.out.println("********************************");
        for(int i=0;i<id.length;i++){
            System.out.print(" "+id[i]+"\t");
            System.out.print(" "+name[i]+"\t");
            System.out.print(" "+price[i]+"\t");
            System.out.println(" "+num[i]);
        }
    }
}
```

拓展任务

逢3拍手游戏。

游戏规则：从1开始顺序数数，数到有3或3的倍数时拍手。

编程实现：模拟实现逢3拍手游戏，输出40以内需要拍手的数字。

运行结果如图3-23所示。

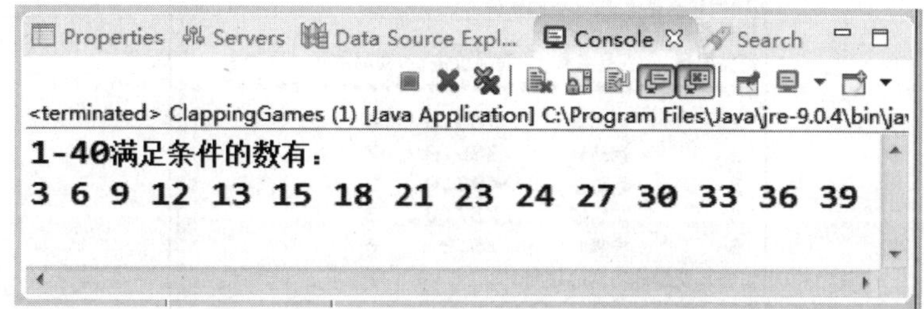

图 3-23　“逢 3 拍手游戏”运行结果

实现代码如下：

```
/**
 * 拍手游戏
 * 游戏规则：从1开始顺序数数，数到有3或3的倍数时拍手
 *
 */
import java.util.Scanner;
public class ClappingGames {
    public static void main(String[] args) {
        System.out.println("1-40满足条件的数有：");
        for(int n=1;n<=40;n++) {
            if(n%3==0||n%10==3) {
                System.out.print(n+" ");
            }
        }
    }
}
```

任务 4　删除下架商品信息

任务描述

“3X购物管理系统”的管理员想清理一下商品的库存，管理员需要登录到“3X购物管理系统”的“商品管理”模块，输入商品编号，即可删除该商品的信息，包括：商品编号、商品名称、商品价格和商品数量，删除后可以查看到商品库存情况。编程实现删除功能。

运行结果如图3-24所示。

视频

实现删除商品的功能

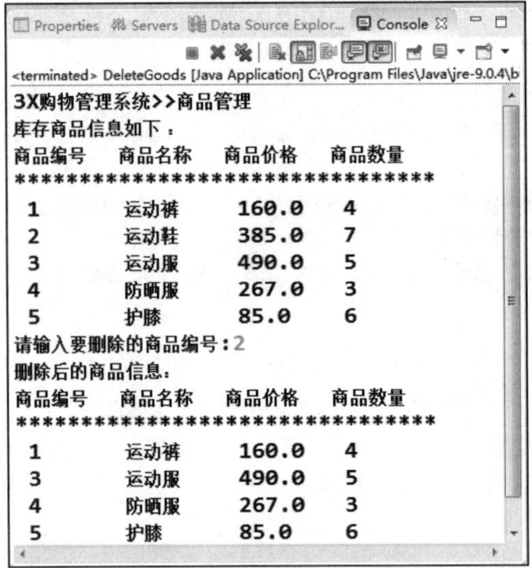

图 3-24 实现商品删除的功能

知识链接

continue 语句的使用

1. continue 语句的执行顺序

continue 语句表示继续执行，其作用是跳出本次循环开始执行下一次循环。continue 的执行顺序如图3-25所示。

【例3-6】编写实现：统计“3X购物管理系统”中会员年龄在20～60岁之间的人数，如图3-26所示。

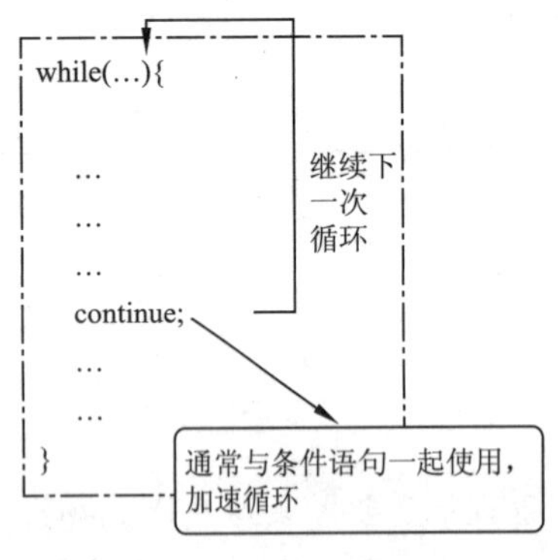

图 3-25 continue 语句的执行

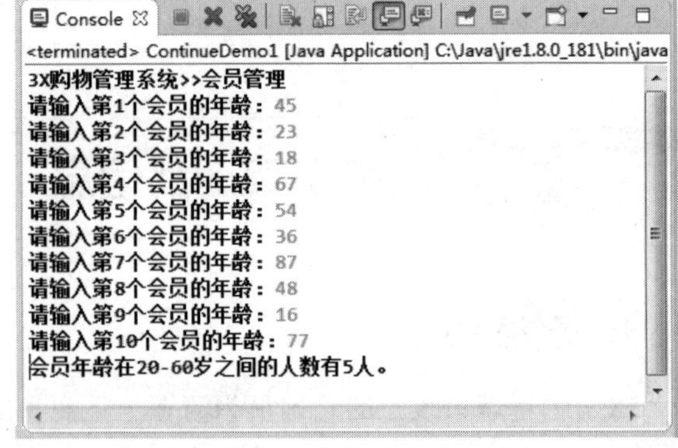

图 3-26 continue 语句的应用

实现代码如下所示：

```
import java.util.Scanner;
public class ContinueDemo {
```

```
    public static void main(String[] args) {
        //统计会员年龄在20～60岁之间的人数

        Scanner input=new Scanner(System.in);
        int count=0;
        int age;
        System.out.println("3X购物管理系统>>会员管理");
        for(int i=0;i<10;i++){
            System.out.print("请输入第"+(i+1)+"个会员的年龄：");
            age=input.nextInt();
            if(age<20||age>60){
                continue;
            }
            count++;
        }
        System.out.println("会员年龄在20-60岁之间的人数有"+count+"人。");
    }
}
```

2．continue 语句使用小结

continue 语句可以用于for循环结构，也可以用于while和do-while循环结构，见表3-1。在for循环结构中，continue语句使程序先跳到迭代部分，然后判断循环条件。如果为true，则继续下一次循环；否则终止循环。在while循环结构中，continue语句执行完毕后，程序将直接判断循环条件。continue语句只能用在循环结构中。

表 3-1　continue 在循环语句中的应用

while 语句	do-while 语句	for 语句

while(循环条件){
　...
　if(判断条件){
　　continue;
　}
　...
}
	do{
	　...
	　if(判断条件){
	　　continue;
	　}
	　...
	}while(循环条件);
		for(表达式 1; 表达式 2; 表达式 3){
		　...
		　if(判断条件){
		　　continue;
		　}
		　...
		}

执行到 continue，程序则跳到循环控制条件的判断部分，然后决定循环是否继续进行		执行到 continue，程序则跳到“表达式 3”求值，然后进行“表达式 2”的条件判断，最后根据“表达式 2”的判断结果决定 for 循环是否继续执行

3．break语句和continue语句比较

break语句和continue语句的区别见表3-2。

表 3-2 break 和 continue 语句的区别

语　句	使 用 场 合	作 用 范 围
break	break 常用于 switch 结构和循环结构中	break 语句终止某个循环，程序跳转到循环块外的下一条语句
continue	continue 一般用于循环结构中	continue 跳出本次循环，进入下一次循环

任务实施

步骤1：双击项目名称“3XShopping”。

步骤2：双击包名“com.soft.shopping”。

步骤3：在包中新建一个Java类，并且给类命名为“DeleteGoods.java”。

步骤4：双击类文件名，打开类窗口编辑器。

输入代码如下：

```
/**
 * 编程实现：登录“3X购物管理系统”的“商品管理”模块，输入商品编号，即可删除该商品的信息
 * 包括：商品编号、商品名称、商品价格和商品数量
 * 删除后可以查看到商品库存情况
 */
import java.util.Scanner;
public class DeleteGoods {
    public static void main(String[] args) {
        int id[]={1,2,3,4,5};                                              //商品编号
        String name[]={"运动裤","运动鞋","运动服","防晒服","护膝"}; //商品名称
        double price[]={160.0,385.0,490.0,267.0,85.0};                   //商品价格
        int num[]= {4,7,5,3,6};                                            //商品数量
        Scanner input=new Scanner(System.in);
        System.out.println("3X购物管理系统>>商品管理");
        //输出库存商品信息
        System.out.println("库存商品信息如下 : ");
        System.out.println("商品编号\t商品名称\t商品价格\t商品数量");
        System.out.println("********************************");
        for(int i=0;i<id.length;i++){
            System.out.print(" "+id[i]+"\t");
            System.out.print(" "+name[i]+"\t");
            System.out.print(" "+price[i]+"\t");
            System.out.println(" "+num[i]);
        }
        System.out.print("请输入要删除的商品编号:");
        int Id=input.nextInt();
        //删除商品信息
        for(int i=0;i<id.length;i++){
            if(id[i]==Id) {
```

```
                id[i]=0;
                name[i]="";
                price[i]=0.0;
                num[i]=0;
            }
        }
        //修改后的商品信息
        System.out.println("删除后的商品信息：");
        System.out.println("商品编号\t商品名称\t商品价格\t商品数量");
        System.out.println("********************************");
        for(int i=0;i<id.length;i++){
            if(id[i]==0) {
                continue;
            }
            System.out.print(" "+id[i]+"\t");
            System.out.print(" "+name[i]+"\t");
            System.out.print(" "+price[i]+"\t");
            System.out.println(" "+num[i]);
        }
    }
}
```

拓展任务

利用for循环语句和continue语句实现统计“3X购物管理系统”中会员年龄在20～60岁之间的人数，可以选择10人进行测试。

运行结果如图3-27所示。

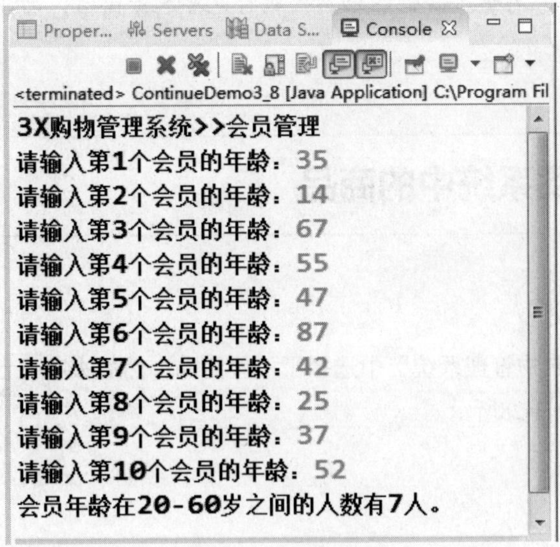

图3-27　统计人数

实现代码如下所示：

```
import java.util.Scanner;
/**
 * 编程实现：统计“3X购物管理系统”中会员年龄在20～60岁之间的人数
 */
public class ContinueTest {

    public static void main(String[] args) {
        Scanner input=new Scanner(System.in);
        int count=0;
        int age;
        System.out.println("3X购物管理系统>>会员管理");
        for(int i=0;i<10;i++){
            System.out.print("请输入第"+(i+1)+"个会员的年龄：");
            age=input.nextInt();
            if(age<20||age>60){
                continue;
            }
            count++;
        }
        System.out.println("会员年龄在20-60岁之间的人数有"+count+"人。");
    }
}
```

潜移默化、润物无声

保护生态环境，人人有责。我们在编写代码时也要尽量简洁，功能完善，避免冗余代码，占用大量的内存。

任务5 购买系统中的商品

视频

实现购买商品的功能

任务描述

小明在“3X购物管理系统”中选择了一些商品，然后去收银台结账。编程实现此功能。运行结果如图3-28所示。

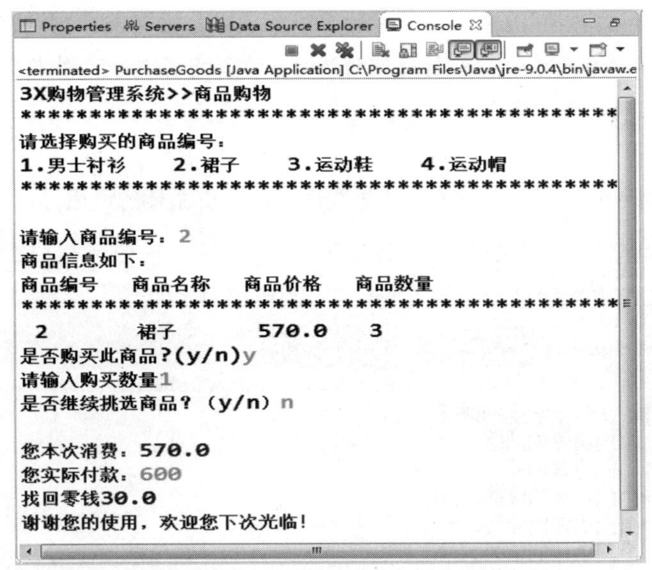

图 3-28　实现商品购买的功能

视频

利用二重循环实现打印几何图形

一、二重循环结构

1. 二重循环的定义

二重循环就是一个循环体内又包含另一个完整的循环结构。即while循环、do-while循环和for循环之间是可以互相嵌套的，一个循环要完整地包含在另一个循环中。表3-3所示的4种基本语法形式都是合法的。

表 3-3　二重循环的 4 种基本嵌套语法形式

while 与 while 循环嵌套	do-while 与 do-while 循环嵌套

while(循环条件 1) {
　// 循环操作 1
　while(循环条件 2) {
　　// 循环操作 2
　}
}
	do {
	　// 循环操作 1
	　do {
	　　// 循环操作 2
	　}while(循环条件 2);
	}while(循环条件 1);

for 与 for 循环嵌套	**while 与 for 循环嵌套**

for(循环条件 1) {
　// 循环操作 1
　for(循环条件 2) {
　　// 循环操作 2
　}
}
	while(循环条件 1) {
	　// 循环操作 1
	　for(循环条件 2) {
	　　// 循环操作 2
	　}
	}

注意：循环条件1和循环操作1对应的循环称为外层循环，循环条件2和循环操作2对应的循环称为内层循环，内层循环结束后才执行外层循环的语句。在二重循环中，外层循环变量变化一次，内层循环变量要从初始值到结束值变化一遍。

2. 二重循环的使用

上面介绍了二重循环的嵌套形式，下面通过案例演示二重循环的使用。

【例3-7】期末考试结束，老师要统计全班30个学生的成绩。已知每个学生有5门功课，要求计算出每个学生的总分和平均分。编程实现该功能，如图3-29所示。

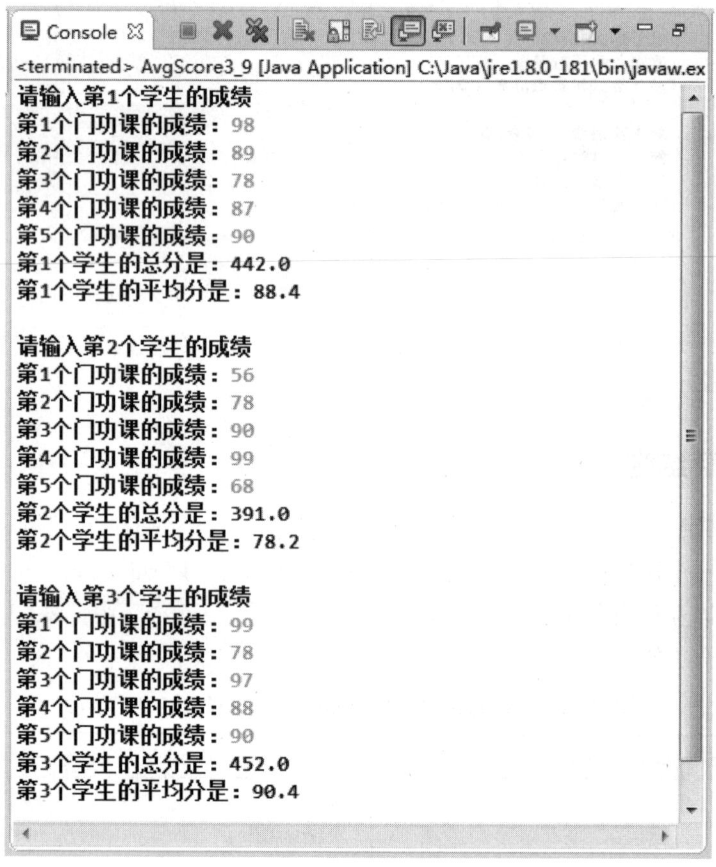

图 3-29　计算学生的总分和平均分

实现代码如下所示：

```
import java.util.Scanner;
/**
 * 计算30个学生的成绩，测试时可以设有3个学生
 * 5门功课
 */
public class AvgScore {
    public static void main(String args[]){
        double[] score = new double[5];            //5门课程成绩数组
```

```
        int StudentNum=3;                                          //学生数目
        double sum=0.0;                                            //成绩总和
        double average=0.0;                                        //平均成绩

        //循环输入学员成绩
        Scanner input=new Scanner(System.in);
        for(int i=0; i<StudentNum; i++){
            sum=0.0f;                                              //成绩总和归0
            System.out.println("请输入第"+(i+1)+"个学生的成绩");
            for(int j=0; j<score.length; j++){
                System.out.print("第"+(j+1)+"个门功课的成绩: ");
                score[j]=input.nextDouble();
                sum=sum+score[j];                                  //成绩累加
            }
            average=sum/score.length;                              //计算平均分
            System.out.println("第"+(i+1)+"个学生的总分是: "+sum);
            System.out.println("第"+(i+1)+"个学生的平均分是: "+average+"\n");
        }
    }
}
```

由此例可以看出二重循环应用起来很方便。同理，二重循环也可以用来打印各种图形，如矩形、三角形和菱形等。

【例3-8】在控制台打印输出一个等腰三角形，如图3-30所示。

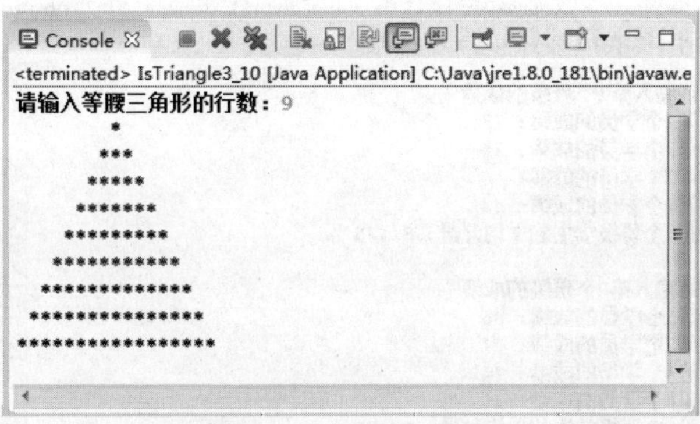

图 3-30 打印等腰三角形

实现代码如下所示：

```
import java.util.Scanner;
/**
 * 输入行数打印等腰三角形
 */
public class IsTriangle {
    public static void main(String[] args) {
```

```
        int rows=0;     //三角形行数
        System.out.print("请输入等腰三角形的行数: ");
        Scanner input=new Scanner(System.in);
        rows=input.nextInt();
        //打印等腰三角形
        for(int i=1; i<=rows; i++){
            for(int j=1; j<=rows-i; j++){
                System.out.print(" ");
            }
            for(int k=1; k<=2*i-1; k++){
                System.out.print("*");
            }
            System.out.print("\n");
        }
    }
}
```

3．break和continue语句在二重循环中的应用

下面通过两个案例体会break和continue语句在二重循环中的应用。

【例3-9】期末考试结束，老师要统计3个班级的Java成绩。已知每个班有40名学生，统计每个班学生Java考试成绩的平均分，以及3个班中达到90分以上的共有多少人？这里可以每个班选取4名学生进行测试。编程实现该功能，如图3-31所示。

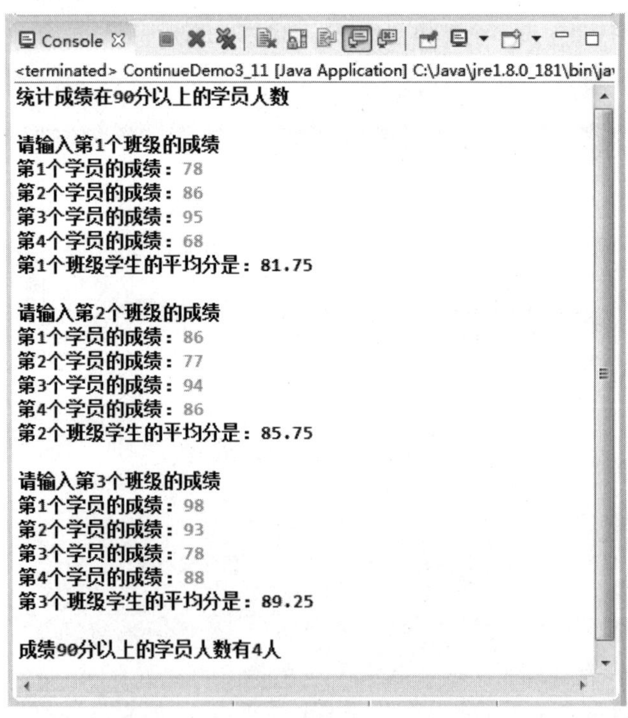

图 3-31　计算学生的平均分和统计人数

实现代码如下所示：

```
import java.util.Scanner;
/**
 * 计算3个班级Java成绩大于90分以上的学员人数
 * 每班有40人，测试时可以设定为4人
 *
 */
public class ContinueDemo {
    public static void main(String[] args) {
        int[] score=new int[4];                          //Java成绩数组
        int classnum=3;                                  //班级数目
        double sum=0.0;                                  //成绩总和
        double average=0.0;                              //平均成绩

        int count=0;                                     //记录90分以上学员人数

        //循环输入学员成绩
        Scanner input=new Scanner(System.in);
        System.out.println("统计成绩在90分以上的学员人数");
        for(int i=0; i<classnum; i++){
            sum=0.0f;                                    //成绩总和归0
            System.out.println("\n请输入第"+(i+1)+"个班级的成绩");
            for(int j=0; j<score.length; j++){
                System.out.print("第"+(j+1)+"个学员的成绩：");
                score[j]=input.nextInt();
                sum=sum+score[j];                        //成绩累加

                if(score[j]<90){                         //成绩小于90，则跳出本轮循环
                    continue;
                }
                count++;
            }
            average=sum / score.length;
            System.out.println("第"+(i+1)+"个班级学生的平均分是："+average);
        }
        System.out.println("\n成绩90分以上的学员人数有"+count+"人");
    }
}
```

由程序运行结果可以看出，输入的成绩小于90分时，continue语句后的count++不会执行，而是回到内层for循环的开始，继续输入下一个学生的成绩。如果输入的成绩大于90分时，则会执行count++。输入完3个班的所有学生Java成绩后，打印出count的值。所以内层循环中的continue语句跳

转时跳出内层循环中的剩余语句，进入内层循环的下一轮循环。

【例3-10】双11商家搞活动：假设有5家水果专卖店，小明逛水果专卖店时，每家店限购3样水果。小明可以买水果，也可以选择不买离开，但一家店不能超过3样。问最后小明总共购买了几样水果?如图3-32所示。

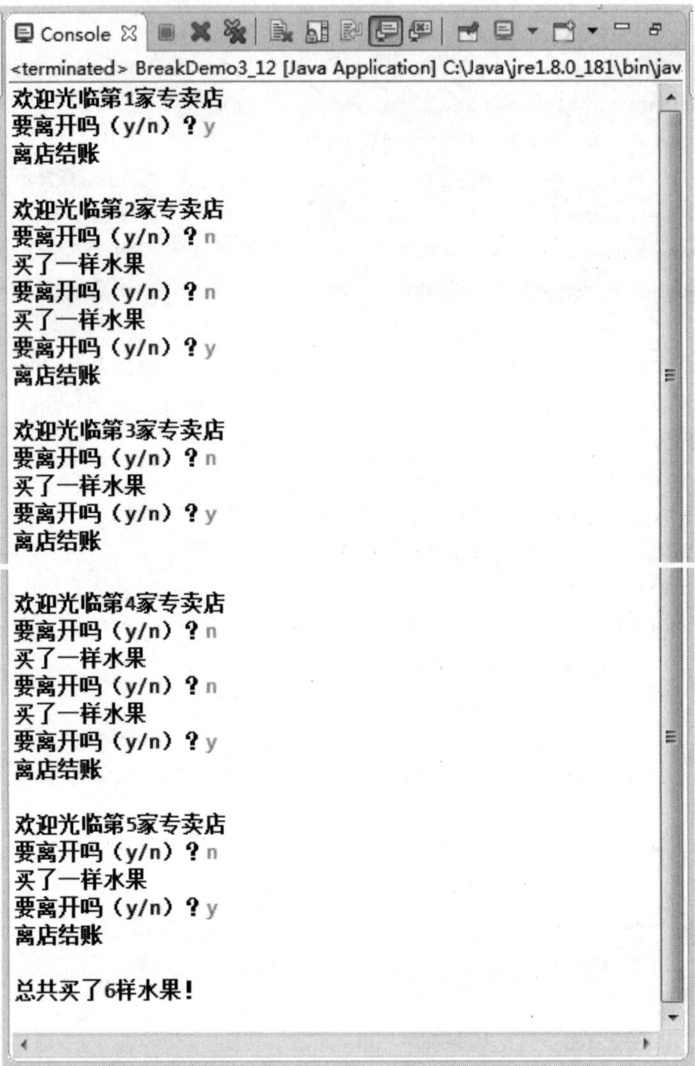

图 3-32 break 语句在二重循环中的应用

实现代码如下所示：

```
import java.util.Scanner;
/**
 * 实现购物结账
 */
public class BreakDemo {
```

```
    public static void main(String[] args) {
        int count=0;        //记录一共买了几样水果
        String choice;      //选择是否离开
        Scanner input=new Scanner(System.in);

        for(int i=0; i<5; i++){
            System.out.println("欢迎光临第"+(i+1)+"家专卖店");
            for(int j=0; j<3; j++){
                System.out.print("要离开吗(y/n)? ");
                choice=input.nextLine();
                if("y".equals(choice)){ //如果离开，则跳出，进入下一家店
                    break;
                }
                System.out.println("买了一样水果");
                count++;
            }
            System.out.println("离店结账\n");
        }
        System.out.println("总共买了"+count+"样水果! ");
        choice=input.nextLine();
    }
}
```

由案例可知，外层循环的条件是专卖店的数量，内层循环的条件是限购的水果样数。在内层循环中，如果用户选择离开，则跳出内层循环，离店结账，进入下一个专卖店。当5家专卖店都购物完毕时，打印出总共购买的水果样数。

由以上两个案例可得，当continue语句和break语句在内层循环时，只会影响内层循环的执行，对外层循环没有影响。不同点在于：执行该语句后，程序跳转的位置不同，如图3-33所示。

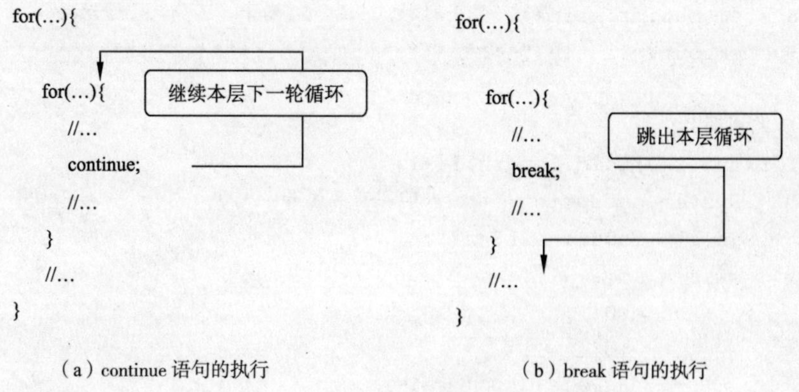

图 3-33 continue 和 break 语句执行的区别

任务实施

步骤1：双击项目名称“3XShopping”。

步骤2：双击包名“com.soft.shopping”。

步骤3：在包中新建一个Java类，并且给类命名为“PurchaseGoods.java”。

步骤4：双击类文件名，打开类窗口编辑器。

输入代码如下：

```
/**
  * 实现购买商品的功能
 */
import java.util.Scanner;
public class PurchaseGoods {
    public static void main(String[] args) {
        Scanner input=new Scanner(System.in);
        int id[]=new int[4];                    //商品编号
        String name[]=new String[4];            //商品名称
        double price[]=new double[4];           //商品价格
        int num[]=new int[4];                   //商品数量

        double finalPay=0;                      //消费金额
        double change=0;                        //找零
        int n[]=new int[4];                     //购买商品数量

        System.out.println("3X购物管理系统>>商品购物");
        //商品清单
        System.out.println("*******************************************");
        System.out.println("商品编号如下：");
        System.out.println("1.男士衬衫      2.裙子      3.运动鞋      4.运动帽");
        System.out.println("*******************************************");

        //购买商品
        for(int i=0;i<id.length;i++){
            System.out.print("请输入购买商品编号：");
            id[i]= input.nextInt();
            switch(id[i]-1){
                case 0:
                    id[i]=1;
                    name[i]="男士衬衫";
                    price[i]=270.0;
                    num[i]=4;
                    break;
```

```
        case 1:
            id[i]=2;
            name[i]="裙子";
            price[i]=570.0;
            num[i]=3;
            break;
        case 2:
            id[i]=3;
            name[i]="运动鞋";
            price[i]=870.0;
            num[i]=2;
            break;
        case 3:
            id[i]=4;
            name[i]="运动帽";
            price[i]=240.0;
            num[i]=6;
            break;
    }
    System.out.println(id[i]+"号商品信息如下：");
    //输出商品信息
    System.out.println("商品编号\t商品名称\t商品价格(元)\t商品数量");
    System.out.println("*******************************************");
    System.out.print(" "+(id[i])+"\t");
    System.out.print(" "+name[i]+"\t");
    System.out.print(" "+price[i]+"\t\t");
    System.out.print(" "+num[i]+"\t\n");
    System.out.print("是否购买此商品?(y/n)");
    String buy=input.next();
    if(buy.equalsIgnoreCase("y")){
        System.out.print("请输入购买商品数量：");
        n[i]=input.nextInt();
        if(n[i]<=num[i]){
            finalPay=finalPay+price[i]*n[i];
            num[i]=num[i]-n[i];
        }else{
            System.out.println("库存不足！");
        }
    }
    System.out.print("是否继续挑选商品?（y/n）");
    String answer=input.next();
    if(answer.equalsIgnoreCase("y")) {
        continue;
```

```
            }else {
                System.out.println("\n您本次消费："+finalPay+"元");
                System.out.print("您实际付款：");
                double pay=input.nextDouble();
                change=pay-finalPay;
                System.out.println("找回零钱：\t"+change+"元");
                System.out.println("谢谢您的使用，欢迎您下次光临！");
                break;
            }
        }
    }
}
```

拓展任务

编程实现：期末考试结束，王东想算算自己5门课程的总分和平均分。编程实现此功能。运行结果如图3-34所示。

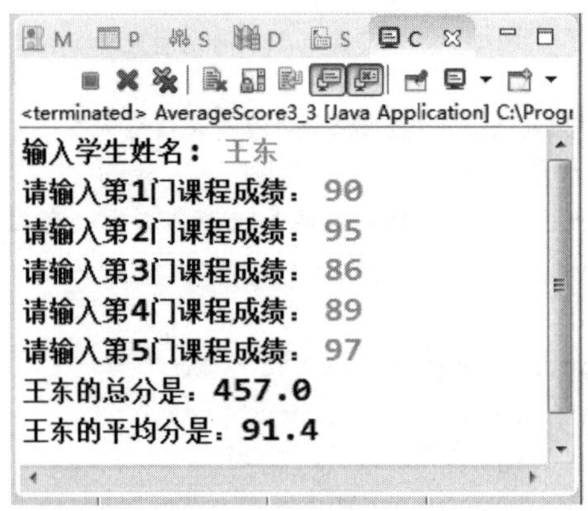

图 3-34　输出总分和平均分

实现代码如下：

```
/**
 * 利用数组和for循环语句，实现计算一个学生5门课程的总分和平均分
 */
import java.util.*;
public class AverageScore{
    public static void main(String[] args){
        int score[]=new int[5];         //存储每门课程成绩
        double sum=0;                   //存储总分
        double avg=0;                   //存储平均分
        Scanner input = new Scanner(System.in);
        System.out.print("输入学生姓名：");
        String name=input.next();
```

```
        for(int i=0; i<score.length; i++){          //循环录入5门课程成绩
            System.out.print("请输入第"+(i+1)+"门课程成绩: ");
            score[i]=input.nextInt();               //录入一门课程成绩
            sum=sum+score[i];                       //计算成绩和
        }
        avg=sum/5;                                  //计算平均分
        System.out.println(name + "的总分是: " + sum);
        System.out.println(name + "的平均分是: " + avg);
    }
}
```

项目总结

① 本项目学习了循环结构语句：while语句、do-while语句和for语句。无论哪一种循环结构，都有4个必不可少的部分：初始部分、循环部分、循环体、迭代部分，缺少了任何一个都可能造成严重错误。下面从3个方面对这3种循环结构进行比较，见表3-4。

表 3-4 while 语句、do-while 语句和 for 语句的区别

类型	语法不同	执行顺序不同	执行的次数 n

while	while(< 条件 >){
	//循环体
	}
		先进行条件判断，再执行循环体。如果条件不成立，退出循环	$n \geqslant 0$

do-while	do{
	//循环体
	}while(< 条件 >);
		先执行循环体，再进行条件判断，然后执行循环体，最后进行迭代部分的计算。如果条件成立，跳出循环	$n \geqslant 1$

for	for(表达式 1 ; 表达式 2 ; 表达式 3){
	//循环体
	}
		表达式 1：循环结构的初始部分，为循环变量赋初值。
		表达式 2：循环结构的循环条件。
		表达式 3：循环结构的迭代部分，通常用来修改变量的值
			$n \geqslant 0$

② 在循环中，可以使用break和continue语句控制程序的流程：

- break语句用于终止某个循环，程序跳转到循环体外的下一条语句。
- continue语句用于跳出本次循环，进入下一次循环的语句。

③ 二重循环就是一个循环体内又包含另一个完整的循环结构的循环。

④ 数组。

- 定义：是可以在内存中连续存储多个元素的结构，数组中的所有元素必须属于相同的数据类型。
- 数组中的元素通过数组的下标进行访问，数组的下标从0开始。
- 数组可用一个循环为元素赋值，或者用一个循环输出数组中的元素信息。

- 通过数组.length可获得数组长度。
- 利用Arrays类提供的sort()方法可以方便地对数组中的元素进行排序。

项目实训

实训一：计算100以内的奇数之和，如图3-35所示。

```
Console
<terminated> EvenSum3_1 (1) [Java Application] C:\Java\jre1.8.0_181\bin\javaw.
100以内的奇数之和为：2500
```

图 3-35　求 100 以内的奇数之和

实训二：打印九九乘法表，如图3-36所示。

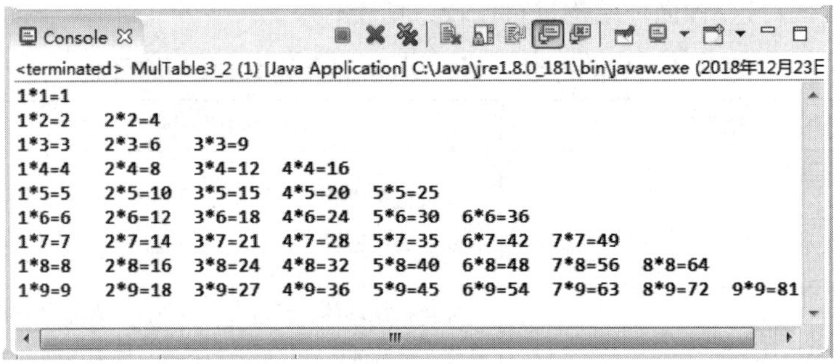

```
Console
<terminated> MulTable3_2 (1) [Java Application] C:\Java\jre1.8.0_181\bin\javaw.exe (2018年12月23E
1*1=1
1*2=2   2*2=4
1*3=3   2*3=6   3*3=9
1*4=4   2*4=8   3*4=12  4*4=16
1*5=5   2*5=10  3*5=15  4*5=20  5*5=25
1*6=6   2*6=12  3*6=18  4*6=24  5*6=30  6*6=36
1*7=7   2*7=14  3*7=21  4*7=28  5*7=35  6*7=42  7*7=49
1*8=8   2*8=16  3*8=24  4*8=32  5*8=40  6*8=48  7*8=56  8*8=64
1*9=9   2*9=18  3*9=27  4*9=36  5*9=45  6*9=54  7*9=63  8*9=72  9*9=81
```

图 3-36　打印九九乘法表

实训三：百钱买百鸡，公鸡5文一只，母鸡3文一只，雏鸡1文3只。要求100文钱买一百只鸡，如图3-37所示。

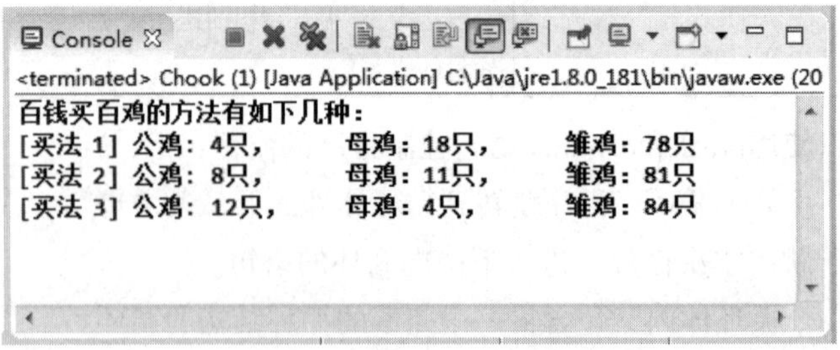

```
Console
<terminated> Chook (1) [Java Application] C:\Java\jre1.8.0_181\bin\javaw.exe (20
百钱买百鸡的方法有如下几种：
[买法 1] 公鸡：4只，      母鸡：18只，     雏鸡：78只
[买法 2] 公鸡：8只，      母鸡：11只，     雏鸡：81只
[买法 3] 公鸡：12只，     母鸡：4只，      雏鸡：84只
```

图 3-37　百钱买百鸡

实训四：从键盘输入10名学生的Java考试成绩，对这10名学生的考试成绩从低到高进行排序。运行效果如图3-38所示。

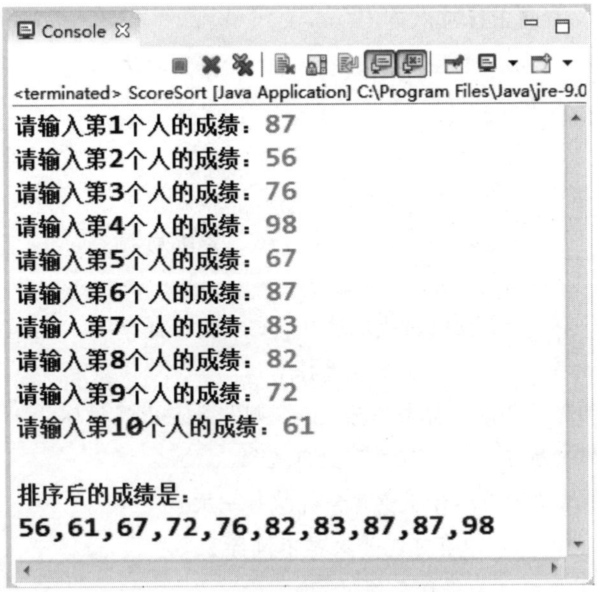

Console
<terminated> ScoreSort [Java Application] C:\Program Files\Java\jre-9.0
请输入第1个人的成绩：87
请输入第2个人的成绩：56
请输入第3个人的成绩：76
请输入第4个人的成绩：98
请输入第5个人的成绩：67
请输入第6个人的成绩：87
请输入第7个人的成绩：83
请输入第8个人的成绩：82
请输入第9个人的成绩：72
请输入第10个人的成绩：61
排序后的成绩是：
56,61,67,72,76,82,83,87,87,98

图 3-38　输入程序并排序

实训五：有一组数据{88、96、45、73、69、95}，现将一个数81插入这个数组中合适的位置，并输出插入后的数组。运行效果如图3-39所示。

Console
<terminated> InsertArray [Java Application] C:\Program Files\Java\jre-9.
请输入81要插入的位置（0-5）：3
88,96,45,81,73,69,95

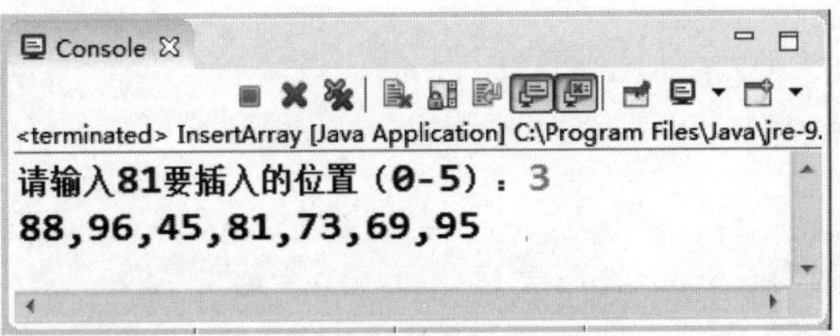

图 3-39　数组插入数据

课后拓展

王东想买一台笔记本计算机，他逛了5家品牌店，利用数组和for循环语句编程实现求最低价格。

课后习题

一、选择题

1. 定义了一组 int 型数组 a[10] 后，下面的引用错误的是（　　）。

A. a[0]=1;　　B. a[10]=2;　　C. a[0]=5*2;　　D. a[1]=a[2]*a[0];

2. 引用数组元素时，数组下标可以是（　　）。

A. 整型常量　　B. 整型变量　　C. 整型表达式　　D. 以上均可

3. 数组 a 的第三个元素表示为（　　）。

A. a(3)　　B. a[3]　　C. a(2)　　D. a[2]

4. 当访问无效的数组下标时，会发生（　　）。

A. 中止程序　　B. 抛出异常　　C. 系统崩溃　　D. 直接跳过

5. 当数组作为方法的参数时，向方法传递的是（　　）。

A. 数组的引用　　B. 数组的栈地址　　C. 数组自身　　D. 数组的元素

6. 以下结果中正确的是（　　）。（多项选择）

A. 如果 switch 循环结构的循环条件为 true，则一定会出现循环

B. 程序调试时加入断点会改变程序的执行流程

C. do-while 循环结构的循环体至少无条件执行一次

D. while 循环结构的循环体有可能一次都不执行

7. （　　）表达式不可以作为循环条件。

A. i=5　　B. i<3

C. bEqual=str.equals("q")　　D. coubt==i

8. 以下代码的输出结果为（　　）

```
public class Test{
    public static void main(String[] args){
        int i=2;
        do{
            if(i%2==0){
                System.out.print("*");
            }else{
                System.out.print("#");
            }
            I++;
        } while(i<7);
    }
}
```

A. ***　　B. #*#*#　　C. *#*#*　　D. *

9. 下列代码的执行次数说法正确的是（　　）。

```
int k=0;
While(k==0){
    k=k-1;
}
```

A. 循环将执行 10 次　　B. 死循环，将一直执行下去

C. 循环将执行一次　　D. 循环一次也不执行

10. 以下代码的执行结果是（　　）。

```
int a=0;
while(a<5){
    switch(a){
        case 0:
        case 3:  a=a+2;
        case 1:
        case 2:  a=a+3;
    }
}
System.out.print(a);
```

A. 0　　B. 5　　C. 10　　D. 其他

11. 下列关于 while 循环、do-while 循环和 for 循环的说法正确的是（　　）。

A. while 循环有入口条件，do-while 循环没有入口条件

B. do-while 循环结束的条件是 while 后的判断语句成立

C. for 循环结构中的 3 个表达式缺一不可

D. 只有在循环次数固定的情况下，才能使用 for 循环结构

12. 以下关于 break 语句和 continue 语句的说法正确的是（　　）。

A. continue 语句的作用是结束整个循环的执行

B. 在循环体内可以使用 break 语句

C. 循环体内使用 break 语句或 continue 语句的作用相同

D. 在 switch 结构体内可以使用 continue 语句

13. 以下代码的输出结果是（　　）。

```
public static void main(String[] args){
    for(int i=1;i<=10;i++){
        if(i%2==0 || i%5==0){
            continue;i
        }
        System.out.print(i+"\t");
    }
}
```

A. 1　　B. 1 2 3　　C. 1 2 5 7 9　　D. 1 3 7 9

14. 下面循环执行的次数是（　　）。

```
for(int i=2; i--0;){
    System.out println(i);
}
```

A. 2　　B. 1　　C. 0　　D. 无限次

15. 阅读下面代码，如果输入的数字是 6，则正确的运行结果是（　　）

```
import java.util.*;
public class Test{
    public Static void main(String[] args){
        Scanner in=new Scanner(System.in);
        System.out.print("请输入1个1~10之间的数");
        int num=in.nextInt();
        for(int i=1;i<=10;i++){
            if((i+num)>10){
                break;
            }
            System.out.println(i+"\t");
        }
    }
}
```

A. 1 2 3 4 5 6　　B. 7 8 9 10　　C. 1 2 3 4h　　D. 5 6 7 8

16. 下列关于 for 循环结构的说法正确的是（　　）。

A. for 循环结构先执行循环体，后判断表达式

B. for 循环结构必须用在循环次数确定的情况

C. for 循环结构中的 3 个表达式缺一不可

D. for 循环语句中可以包含多条语句，但要用大括号括起来

17. Java 语言中要用变量存储学生性别，从节约空间的角度看最好选择的类型是（　　）。

A. int　　B. short　　C. byte　　D. boolean

18. 分析下面的 Java 代码片段，编译运行后的输出结果是（　　）

```
for(int i=0;i<6;i++){
    int k=i++;
    while(k<5){
        System.out.print(i);
        break;
    }
}
```

A. 024　　B. 02　　C. 123　　D. 13

19. 分析下面的 Java 程序，编译运行结果是（　　）。

```
Public static void main(String[] args){
    int i=0;
    for(i=0;i<10,i++){
        if(i%2==0)
            continue;
        i=i+1:
        if(i==5)
            break;
```

```
    }
    System.out.println(i);
}
```

A. 5　　B. 10　　C. 0　　D. 11

20. 定义一个数组 String[]cities={" 北京 "," 上海 "," 天津 "," 重庆 "," 武汉 "," 广州 "," 香港 "}; 数组中的 cities[6] 指的是（　　）。

A. 北京　　B. 广州　　C. 香港　　D. 数组界

21. 下列数组的初始化正确的是（　　）。

A. int score={90,12,34,77,56};

B. int[ ] score=new int[5];

C. int[ ]score=new int[5]{90,12,34,77,56};

D. int score[ ]=new int[ ]{90,12,34,77,56};

22. 以下代码的输出结果是（　　）。

```
public class Test{
    publit static void main(String[] args){
        double[] price=new double[5];
        price[0]=98.10;
        price[1]=32.18;
        price[2]=77.74;
        for(int i=0;i<5;i++){
            System.out.print((int)price[i]+" "):
        }
    }
}
```

A. 98 32 77 0 0　　B. 98 32 78 0 0　　C. 98 32 78　　D. 编译出错

23. 阅读下面代码，其完成的功能是（　　）。

```
String[ ] a={"我们","你好",小河边","我们","读书"};
for(int i=0;i<a.length;i++) {
    if(a[i].equals("我们")){
        a[i]="他们";
    }
}
```

A. 查找　　B. 查找并替换　　C. 增加　　D. 删除

24. 下面代码的运行结果是（　　）。

```
public class Test {
    public static void main(System[] args){
        int[] a=new int[3];
        int[] b=new int[]{1,2,3,4,5};
        a=b;
```

```
        for(int i=0;i<b.length;i++){
            System.out.print(a[i]+" ");
        }
    }
}
```

A. 程序报错　　B. 1 2 3　　C. 1 2 3 4 5　　D. 0 0 0

二、编程题

1. 现在有如下一个数组：int odtAr[]={1,3,4,5,0,0,6,6,0,5,4,7,6,7,0,5}，要求将数组中的 0 项去掉，将不为 0 的值存入一个新的数组，生成新的数组为：int newAr[]={1,3,4,5,6,6,5,4,7,6,7,5}。

2. 查找学生姓名。录入 5 个学生的姓名，然后查找某个学生的姓名，查看是否在刚录入的学生姓名中。

3. 编写 Java 程序，实现接收用户输入的正整数，输出该数的阶乘。例如，输入数据 4，则输出 4！=1×2×3×4=24。

要求：限制输入的数据为 1~10，否则提示“无效数字”并结束程序。

4. 编写 Java 程序，实现输出 1~100 中所有不能被 7 整除的数，并求其和。

要求：每输出 4 个数据换行显示。

5. 有 3 个班级各 4 名同学参赛，从控制台输入每个班级学员的成绩，要求统计出 3 个班级所有参赛学员成绩大于 85 分的学员的平均分，如何编程实现？

项目 4
实现会员模块的功能

项目描述

本项目的目标是要求学习者在掌握了字符串的定义、字符串的方法等相关知识点后，能够熟练地处理与字符串有关的问题，达到解决实际问题的能力。实现“3X购物管理系统”中会员模块的功能，其主要包含以下任务：

- 任务1　注册新会员；
- 任务2　验证会员登录。

工 匠 精 神

工匠精神是一种职业精神，更是职业道德、职业能力、职业品质的体现。是从业者的一种职业价值取向和行为表现。“工匠精神”的基本内涵包括敬业、精益、专注、创新等方面的内容。例如：

赵州桥，是一座位于河北省石家庄市赵县城南洨河之上的石拱桥，因赵县古称赵州而得名。当地人称之为大石桥，以区别于城西门外的永通桥（小石桥）。赵州桥始建于隋代，由匠师李春设计建造，后由宋哲宗赵煦赐名安济桥，并以之为正名。赵州桥是世界上现存年代久远、跨度最大、保存最完整的单孔敞肩石拱桥，其建造工艺独特，在世界桥梁史上首创“敞肩拱”结构形式，具有较高的科学研究价值；雕作刀法苍劲有力，艺术风格新颖豪放，显示了隋代浑厚、严整、俊逸的石雕风貌，桥体饰纹雕刻精细，具有较高的艺术价值。赵州桥在中国造桥史上占有重要地位，对全世界后代桥梁建筑有着深远的影响。

学习目标

知识目标

- 掌握字符串的定义方法；
- 掌握求字符串长度的方法；
- 掌握字符串比较的方法；

- 掌握连接字符串的方法；
- 掌握获得字符串中指定位置上的字符的方法；
- 掌握提取和查询字符串的方法；
- 掌握拆分字符串的方法；
- 掌握StringBuffer对象的常用方法。

能力目标

- 会灵活定义字符串；
- 会求字符串长度并进行合理应用；
- 能够利用字符串比较的方法比较两个字符串；
- 能够将两个或两个以上的字符串进行连接；
- 能够获得字符串中指定位置上的字符；
- 能够对字符串进行提取和查询；
- 能够将指定的字符串按规定进行拆分；
- 能够灵活应用StringBuffer对象的常用方法。

素质目标

- 培养学习者对信息加工、总结、归纳等的能力；
- 培养学习者良好的团队合作能力和抗压能力；
- 培养学习者正确的编码规范能力；
- 培养学习者守时、求是、求知的职业道德。

任务1 注册新会员

视频

实现会员注册功能1

任务描述

王东在“3X购物管理系统”上注册了一个会员，希望能享受到一些会员优惠。编程实现会员注册功能，要求：在“3X购物管理系统”主界面中，选择“1”，进入“注册界面”，根据提示信息输入“您的姓名、密码、性别、年龄和手机号”。如果注册成功，显示“注册成功，欢迎您使用！”，如图4-1所示；如果注册失败，显示“注册失败，请重新注册!”，如图4-2所示。

潜移默化、润物无声

网络安全宣传周

“网络安全宣传周”即“中国国家网络安全宣传周”，以“共建网络安全，共享网络文明”为主题。将围绕金融、电信、电子政务、电子商务等重点领域和行业网络安全问题，针对社会公众关注的热点问题，举办网络安全体验展等系列主题宣传活动，营造网络安全人人有责、人人参与的良好氛围。

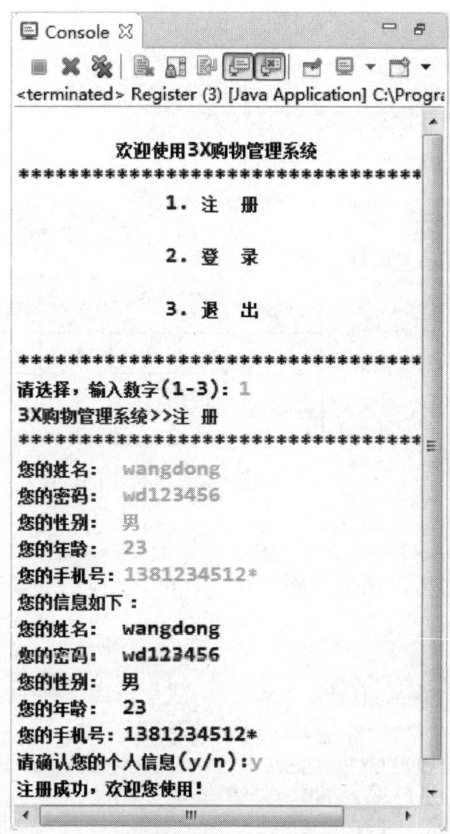

图 4-1　注册成功!

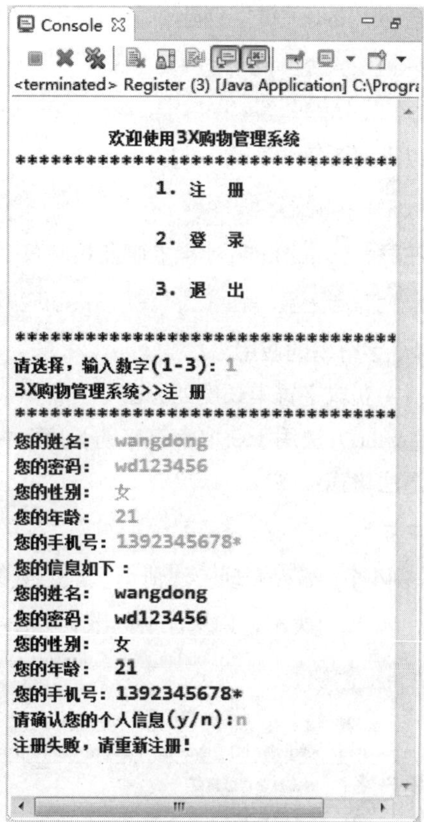

图 4-2　注册失败

字符串

1. 字符串的定义

字符串是用双引号引起来的一串字符序列。如"hello World"、"我喜欢看电影！"、"123456"等。

2. 字符串的分类

这里介绍两种Java提供的字符串类：一类是不可变的字符串String；另一类是可变的字符串StringBuffer。

3. 字符串的创建方式

在Java中，字符串的创建有多种方式：

①使用双引号（""）直接赋值的方式。例如：

```
String str="Hello World";
```

②使用加号（+）连接生成新的字符串。例如：

```
String str="Hello"+"World";
```

③ 使用new关键字创建一个字符串。例如：

```
String str=new String();
Str="Hello World";
```

或将以上两条语句合为一句：

```
String str=new String(" Hello World");
```

注意：StringBuffer对象不能直接赋值创建，只能用new运算符创建。例如：

```
StringBuffer sb=new StringBuffer("Hello World!!");
```

4. 字符串的应用

(1) 获取字符串长度的方法

length()方法用于获取字符串的长度，如图4-3所示。

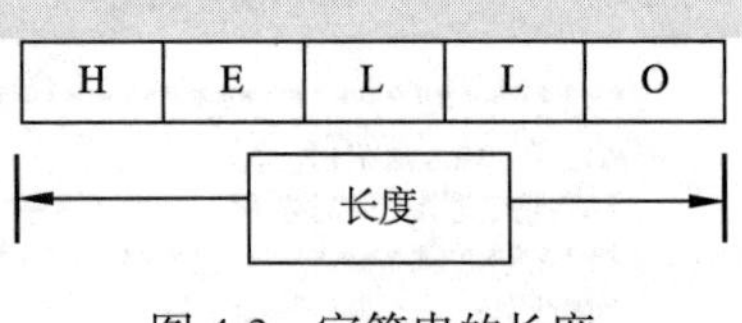

图 4-3　字符串的长度

语法格式：

```
字符串.length();
```

【例4-1】编程实现：注册会员时，要求用户名长度在6~16位，密码长度在6~20位。如果注册成功，如图4-4所示；如果注册失败，如图4-5所示。

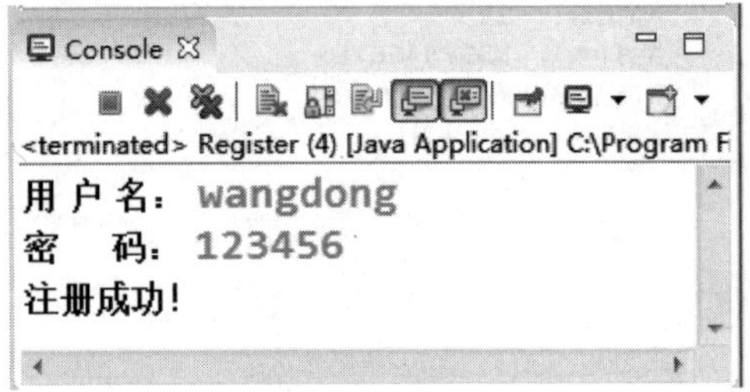

图 4-4　注册成功

图 4-5　注册失败

实现代码如下所示：

```
/**
 * 用户名长度在6~16位
 * 注册密码长度在6~20位
 */
import java.util.*;
public class Register {

    public static void main(String[] args) {
        Scanner input=new Scanner(System.in);
        String username,password;
        System.out.print("用 户 名: ");
        username=input.next();
        System.out.print("密      码: ");
        password=input.next();
        if((username.length()>=6&&username.length()<=16)&&(password.length()>=6
```

```
                &&password.length()<=20)){
            System.out.print("注册成功！ ");
        }else{
            System.out.print("注册失败！");
        }
    }
}
```

（2）字符串的比较

① 比较两个字符串是否一致，使用equals()方法。

其比较原理是：两个字符串对应位置逐个比较每个字符是否完全相等。如果都相同，则返回true；否则返回false。

语法格式：

```
字符串1.equals(字符串2);
```

【例4-2】编程实现：会员登录。已知用户名为“wangdong”，密码为“wd12345678”，判断是否登录成功。如果登录成功，如图4-6所示；如果登录失败，如图4-7所示。

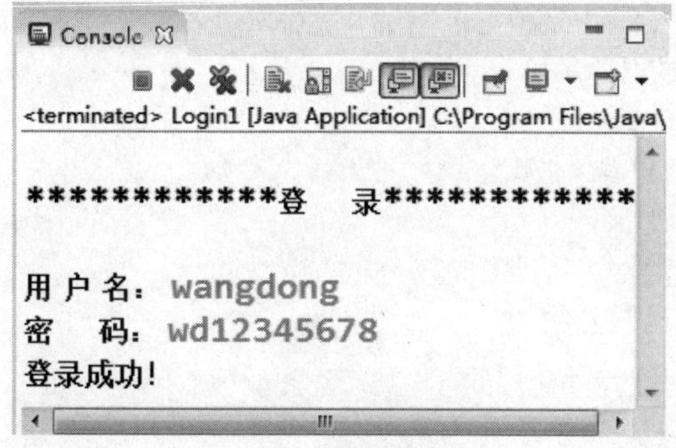

图 4-6　登录成功

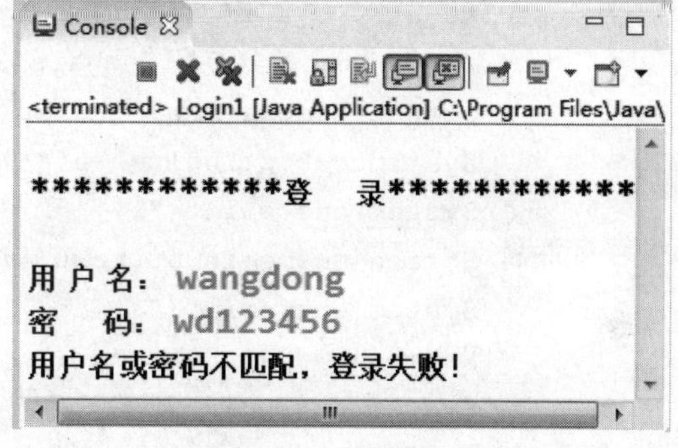

图 4-7　登录失败

实现代码如下所示：

```
import java.util.*;
public class Login {
    /**
     * 判断会员登录是否成功
     */
    public static void main(String[] args) {
        Scanner input = new Scanner(System.in);
        String uname,pwd;

        System.out.print("用 户 名：");
        uname=input.next();
        System.out.print("密      码：");
        pwd=input.next();
```

```
        if(uname.equals("wangdong")&&pwd.equals("wd12345678")){
            System.out.print("登录成功！ ");
        }else{
            System.out.print("用户名或密码不匹配，登录失败！");
        }
    }
}
```

②用“==”比较与用“equals()”比较有什么不同？

下面通过一个案例体会一下用“==”比较与用“equals()”比较的异同。

【例4-3】注册时，往往会要求输入密码和确认密码进行比较。用“==”比较与用“equals()”比较，看看输出有什么不同。

代码如下：

```
import java.util.Scanner;

public class TestEquals {
    public static void main(String[] args) {
        // 用“==”比较与用“equals()”比较有什么不同
        Scanner input=new Scanner(System.in);
        System.out.println("\n************注    册************\n");
        System.out.print("    用  户 名：");
        String uname=input.next();
        System.out.print("    密      码：");
        String pwd1=input.next();
        System.out.print("    确认密码：");
        String pwd2=input.next();
        System.out.println();
        if(pwd1==pwd2) {
            System.out.println("两次输入密码相同。");
        }else{
            System.out.println("两次输入密码不相同。");
        }
        if(pwd1.equals(pwd1)) {
            System.out.println("两次输入密码值相同。");
        }else{
            System.out.println("两次输入密码值不相同。");
        }
    }
}
```

运行结果如图4-8所示。

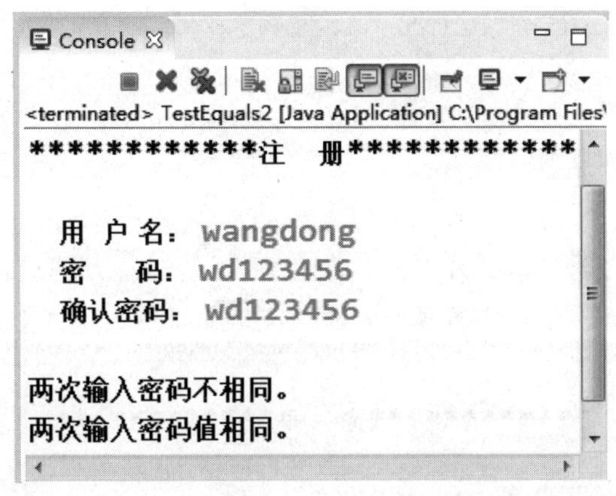

图 4-8　“==”比较与“equals()”比较的运行结果

由运行结果可知：在Java中，双等号（==）和equals()方法虽都应用于两个字符串的比较，但所判断的内容是有差别的。“==”判断的是两个字符串对象在内存中的首地址是否相等，即判断是否是同一个字符串对象，而equals() 判断的是两个字符串对象的值是否相等。

③ 忽略大小写的比较方法。

在项目开发中，往往会碰到忽略大小写的验证，如验证码图片等。这时可以使用另一种比较方法：equalsIgnoreCase()方法，其作用就是在两个字符串比较时，忽略字符的大小写。

语法格式：

```
字符串1.equalsIgnoreCase("字符串2");
```

【例4-4】修改例4-2的代码：

```
/**
 * 判断会员登录是否成功
 */
import java.util.*;
public class Login {

    public static void main(String[] args) {
        Scanner input=new Scanner(System.in);
        String uname,pwd;

        System.out.print("请输入用户名：");
        uname=input.next();
        System.out.print("请输入密码：");
        pwd=input.next();
        if(uname.equalsIgnoreCase("wangdong")&&pwd.equalsIgnoreCase
("wd12345678")){
            System.out.print("登录成功！ ");
        }else{
```

```
                System.out.print("用户名或密码不匹配，登录失败！");
            }
        }
    }
```

运行结果如图4-9所示。

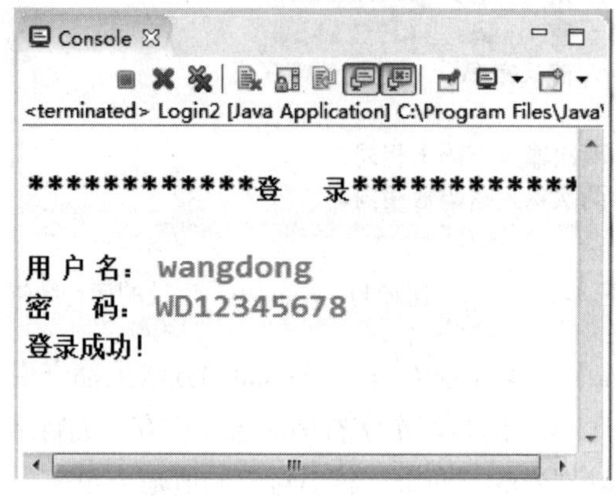

图 4-9　忽略大小写运行结果

（3）字符串的大小写转换

在Java中，String类提供了两个改变字符串大小写的方法：toLowerCase()和toUpperCase()方法。

语法：

```
字符串．toLowerCase();
```

作用：转换字符串中的英文字母为小写。

```
字符串．toUpperCase();
```

作用：转换字符串中的英文字母为大写。

【例4-5】编程实现：将字符串“Hello World”分别以全小写和全大写的方式输出，如图4-10所示。

图 4-10　字符串的大小写转换

实现代码如下：

```
public class HelloWorld {

    public static void main(String[] args) {
        //字符串的大小写转换
        System.out.println("********字符串的大小写转换************\n");
        String st=new String("Hello World!!");
        System.out.println("原字符串："+st+"\n");

        System.out.println("转换成小写的字符串：+st.toLowerCase()+"\n");

        System.out.println("转换成大写的字符串：+st.toUpperCase()+"\n");
    }
}
```

任务实施

步骤1：双击项目名称“3XShopping”。

步骤2：双击包名“com.soft.shopping”。

步骤3：在包中新建一个Java类，并且给类命名为“Register.java”。

步骤4：双击类文件名，打开类窗口编辑器。

输入代码如下：

```
/**
 * 使用字符串的方法实现会员注册
 */
import java.util.Scanner;

public class Register {

    public static void main(String[] args) {
        Scanner input=new Scanner(System.in);
        System.out.println("\n\t欢迎使用3X购物管理系统");
        System.out.println("*************************************");
        System.out.println("\t    1. 注      册\n");
        System.out.println("\t    2. 登      录\n");
        System.out.println("\t    3. 退      出\n");
        System.out.println("*************************************");
        System.out.print("请选择，输入数字(1-3)：");
        int n=input.nextInt();
        switch(n){
            case 1:
                //System.out.println("进入注册页面！");
```

```
            System.out.println("3X购物管理系统>>注  册");
            System.out.println("************************************");
            System.out.print("您的姓名:    ");
            String name=input.next();
            System.out.print("您的密码:    ");
            String pwd=input.next();
            System.out.print("您的性别:    ");
            String sex=input.next();
            System.out.print("您的年龄:    ");
            int age=input.nextInt();
            System.out.print("您的手机号: ");
            String tel=input.next();

            System.out.println("您的信息如下 : ");
            System.out.println("您的姓名:    "+name);
            System.out.println("您的密码:    "+pwd);
            System.out.println("您的性别:    "+sex);
            System.out.println("您的年龄:    "+age);
            System.out.println("您的手机号: "+tel);

            System.out.print("请确认您的个人信息(y/n):");
            String answer=input.next().toLowerCase();
            switch(answer){
            case "y":
                System.out.println("注册成功，欢迎您使用！");
                break;
            case "n":
                System.out.println("注册失败，请重新注册！");
                break;
            default:
                System.out.println("输入有误，请重新输入！");
                break;
            }
            break;
        case 2:
            System.out.println("进入登录页面！");
            break;
        case 3:
            System.out.println("退出系统，谢谢使用！");
            break;
        default:
            System.out.println("输入有误，请重新输入！");
            break;
```

```
        }
      }
}
```

拓展任务

小明想在“学生管理系统”中，实现用户注册功能。要求完成以下功能：

- 用户名长度不能小于6位；
- 密码长度不能小于8位；
- 确认密码与密码必须保持一致。

运行结果如图4-11所示。

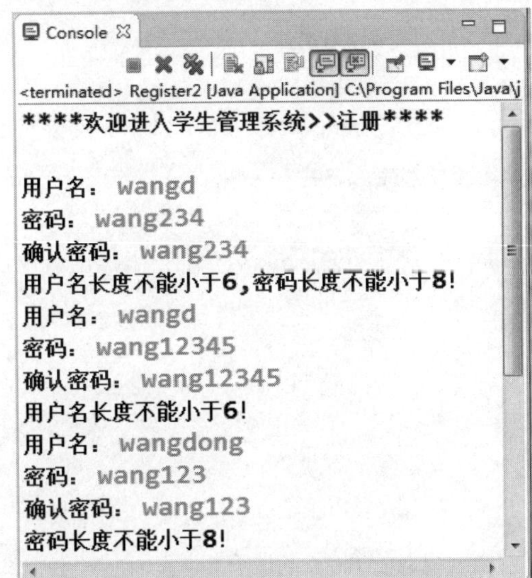

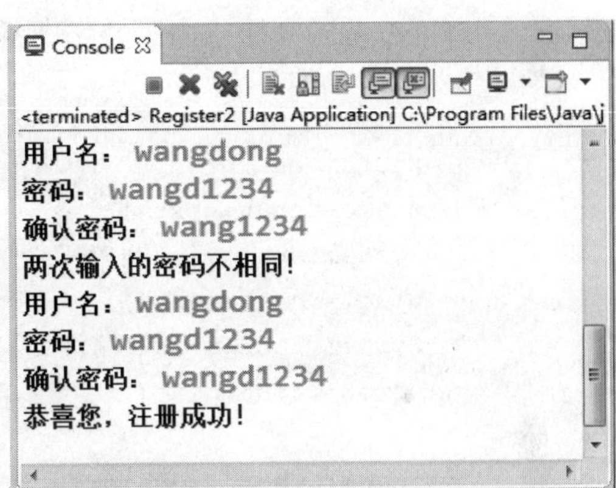

图 4-11　实现用户注册功能

实现代码如下所示：

```
/**
 * 利用字符串的相关知识点实现用户注册功能
 *
 */
import java.util.Scanner;
public class Register {
    public boolean verify(String name,String pwd1,String pwd2){
        boolean flag=false;
        if(name.length()<6&&pwd1.length()<8) {
            System.out.println("用户名长度不能小于6, 密码长度不能小于8！");
        }else if(name.length()<6){
            System.out.println("用户名长度不能小于6！");
        }else if(pwd1.length()<8) {
```

```
            System.out.println("密码长度不能小于8！");
        }else if(!pwd1.equals(pwd2)){
            System.out.println("两次输入的密码不相同！");
        }else{
            System.out.println("恭喜您，注册成功！");
            flag=true;
        }
        return flag;
    }
    public static void main(String[] args) {
        Register2 r=new Register2();
        Scanner input=new Scanner(System.in);
        String uname,upwd1,upwd2;
        boolean resp=false;

        System.out.println("****欢迎进入学生管理系统>>注册****\n");
        do{

            System.out.print("用户名：");
            uname=input.next();
            System.out.print("密码：");
            upwd1=input.next();
            System.out.print("确认密码：");
            upwd2=input.next();

            resp=r.verify(uname, upwd1, upwd2);
        }while(!resp);
    }
}
```

任务 2 验证会员登录

视频

实现会员登录功能1

任务描述

小明进入“欢迎使用3X购物管理系统”菜单，选择菜单项“2. 登录”，提示“请先注册，再登录！”；选择菜单项“1. 注册”，输入“用户名和密码”，提示注册成功，并随机产生会员卡号；再进入主菜单，选择菜单项“2. 登录”，输入“用户名和密码”，如果输入错误，提示有2次机会（最多3次机会）。如果输入正确，提示：“欢迎您，×××。”，如图4-12～图4-15所示。

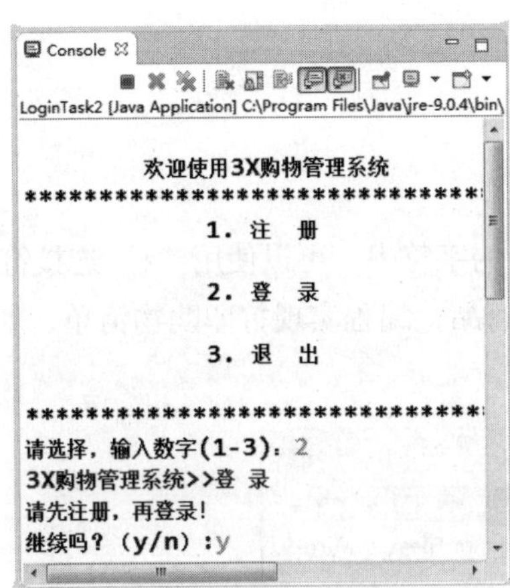

图 4-12　在主菜单中选择“2. 登录”

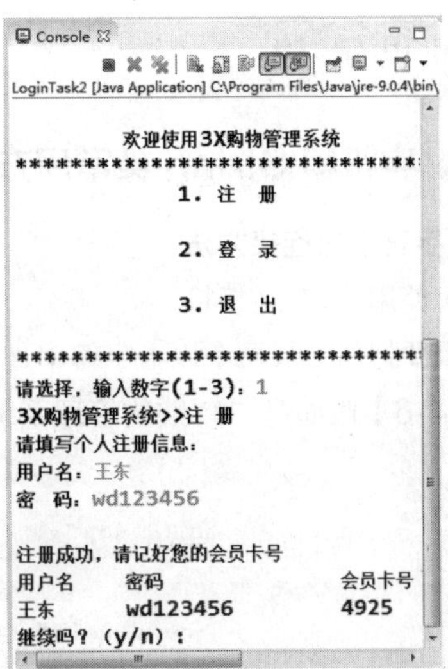

图 4-13　在主菜单中选择“1. 注册”

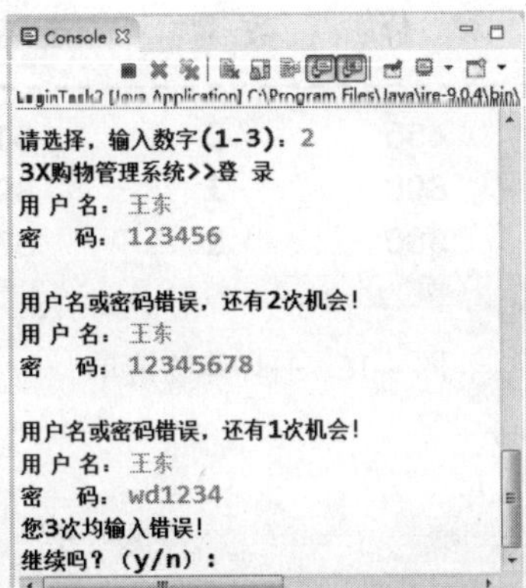

图 4-14　选择“2. 登 录”但登录失败

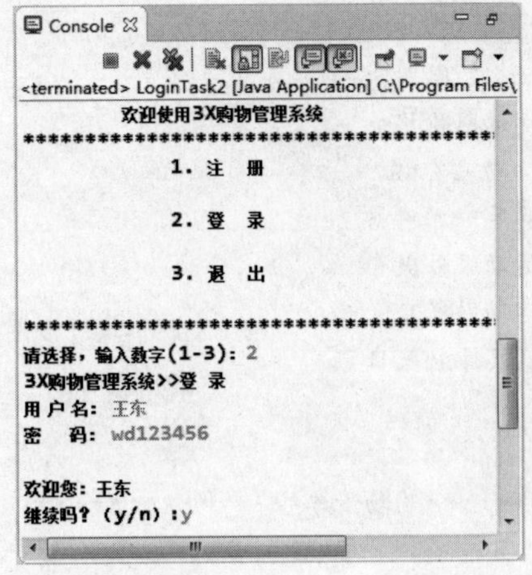

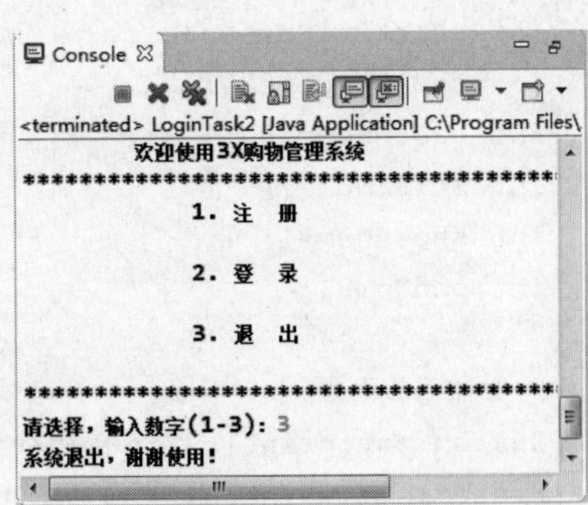

图 4-15　登录成功并退出

一、字符串 String 类常用方法

1．字符串的连接方法

（1）使用“+”连接符

如果要把两个或两个以上字符串连接起来，合成一个新的字符串，可以使用“+”连接符。

【例4-6】假如逛“3X购物管理系统”时，购买了一些商品，编程实现打印购物清单，如图4-16所示 。

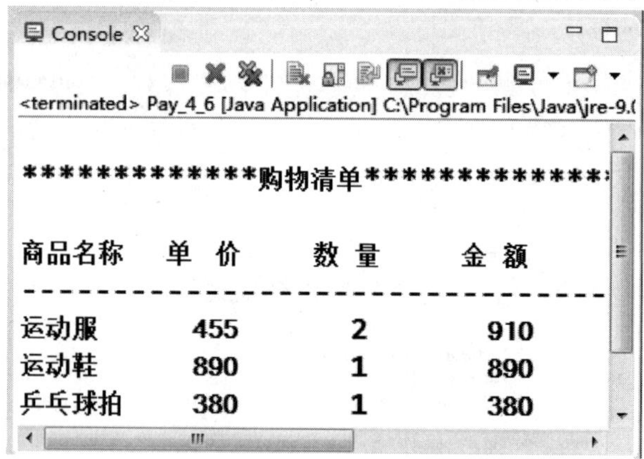

图 4-16 打印购物清单

实现代码如下所示。

```
import java.util.Scanner;
public class Pay {
    /*
     * 购物结算、打印小票并计算积分
     */
    public static void main(String[] args) {
        int shirtPrice=455;            //运动服价格
        int shoePrice=890;             //运动鞋价格
        int padPrice=380;              //乒乓球拍价格
        int shirtNum=2;                //运动服件数
        int shoesNum=1;                //运动鞋数目
        int padNum=1;                  //乒乓球拍数目

        /*打印购物小票*/
        System.out.println("\n**************购物清单**************\n");
        System.out.println("商品名称\t"+"单   价\t"+"数   量\t"+"金   额\t");
        System.out.println("----------------------------------------");
```

```
            System.out.println("运动服\t"+shirtPrice+"\t   "+shirtNum+ "\t"+
(shirtPrice * shirtNum)+"\t");
            System.out.println("运动鞋\t"+shoePrice+"\t   "+shoesNum+"\t"+
(shoePrice * shoesNum)+"\t");
            System.out.println("乒乓球拍\t"+padPrice+"\t   "+padNum+"\t"+
(padPrice * padNum)+"\t\n");
        }
    }
```

由此例可知，使用"+"运算符连接字符串和int（或double）类型数据时，"+"将int（或double）类型数据自动转换成String类型。

（2）使用concat()连接

concat()方法用于实现两个或两个以上的字符串连接成一个字符串，同时生成一个新的字符串。

语法格式：

```
字符串1.concat(字符串2);
```

【例4-7】编程实现：将两个字符串连接成一个新的字符串，如图4-17所示。

图 4-17　使用 concat() 方法连接

视频

实现会员注册功能2

实现代码如下所示：

```
public class TestConcat {
    //使用concat()连接
    public static void main(String[] args) {
        String str1=new String("Hello");
        String str2=new String(" World!!");
        System.out.println("*********使用concat()连接*********");
        String str3=str1.concat(str2);
        System.out.println("连接前:\n\t str1="+str1);
        System.out.println("\t str2="+str2);
        System.out.println("连接后的:\n\t str3="+str3);
    }
}
```

2. 获取指定位置的字符

要获取一个字符串中指定位置上的字符，使用chatAt(int index)方法。前提条件是要知道已知字符串的长度值，在这个长度范围内获得一个指定的字符。

语法格式：

```
charAt(int index);
```

【例4-8】编程实现：获得字符串“Hello World”中的每个字符，如图4-18所示。

图 4-18　获得指定位置上的字符

实现代码如下所示：

```
public class TestCharAt {
    public static void main(String[] args) {
        //获得字符串中指定位置的字符
        String str="Hello World!!";
        System.out.println("*******获得字符串中指定位置的字符*******");
        System.out.println("原字符串是: "+str);
        System.out.println("获得字符串中的每个字符是: ");
        for(int i=0;i<str.length();i++) {
                char ch=str.charAt(i);
                System.out.print("ch"+i+"="+ch+"\n");
        }
    }
}
```

视频

实现会员注册功能3

3. 提取和查询字符串的方法

在Java中，提供了一些常用的提取和查询字符串的方法，见表4-1。

表 4-1　常用的提取和查询字符串的方法

序号	方　法	作　用
1	public int indexOf(int ch);	搜索第一个出现的字符 ch（或字符串 value）
	public int indexOf(String value);	
2	public int lastIndexOf(int ch);	搜索最后一个出现的字符 ch（或字符串 value）
	Public int lastIndexOf(String value);	
3	public String substring(int index);	提取从位置索引开始的字符串部分
4	public String substring(int beginIndex,int endIndex);	提取 beginIndex 和 endIndex 之间的字符串部分
5	public String trim();	返回一个前后不含空格的字符串

（1）indexOf()方法

该方法是在字符串内搜索某个指定的字符或字符串，它返回出现第一个匹配字符串的位置。如果没有找到匹配，则返回-1。调用时，括号中写明要搜索的字符（或字符串）的名字。

语法格式：

```
字符串1.indexOf(char ch);
字符串1. indexOf(String str);
```

【例4-9】搜索在字符串"我爱人人，人人爱我"中第一次出现字符'我'、'爱'、'人'、'啊'的位置。

运行结果如图4-19所示。

图 4-19　indexOf() 方法应用

实现代码如下所示：

```
public class TestSubstring {
    public static void main(String[] args) {
        // TODO Auto-generated method stub
        String str=new String("我爱人人，人人爱我！");
        System.out.println("以下字符在字符串\""+str+"\"中首次出现的位置：");
        int index1=str.indexOf('我');
        int index2=str.indexOf('爱');
        int index3=str.indexOf('人');
        int index4=str.indexOf('啊');
        System.out.println("'我'所在的位置是  "+index1);
        System.out.println("'爱'所在的位置是  "+index2);
        System.out.println("'人'所在的位置是  "+index3);
```

```
        System.out.println("'啊'所在的位置是  "+index4);
    }
}
```

由此案例可知，执行后，如果找到匹配插入字符，则返回字符在字符串数组中的下标；如果没有找到匹配插入字符，则返回-1。

（2）lastIndexOf()方法

同理，求某字符最后一个出现在字符串中的位置，使用lastIndexOf()方法。

语法格式：

```
字符串1.lastIndexOf(char ch);
字符串1.lastIndexOf(String str);
```

【例4-10】搜索在字符串“我爱人人，人人爱我”中最后一次出现字符'我'、'爱'、'人'、'啊'的位置，运行结果如图4-20所示。

图 4-20　lastIndexOf() 方法应用

实现代码如下所示：

```
public class TestSubstring {
    public static void main(String[] args) {
        String str=new String("我爱人人，人人爱我！");
        System.out.println("以下字符在字符串\""+str+"\"中最后一次出现的位置：");
        int index1=str.lastIndexOf('我');
        int index2=str.lastIndexOf('爱');
        int index3=str.lastIndexOf('人');
        int index4=str.lastIndexOf('啊');
        System.out.println("'我'所在的位置是"+index1);
        System.out.println("'爱'所在的位置是"+index2);
        System.out.println("'人'所在的位置是"+index3);
        System.out.println("'啊'所在的位置是"+index4);
    }
}
```

（3）substring(int index)方法

该方法用于提取从位置索引开始的字符串部分，调用时括号中要指出要提取字符串的开始位置，方法的返回值就是要提取字符串。

语法格式：

```
字符串1. substring(index);
```

【例4-11】在字符串“我爱人人，人人爱我”中提取从下标为5开始的子字符串。

运行结果如图4-21所示。

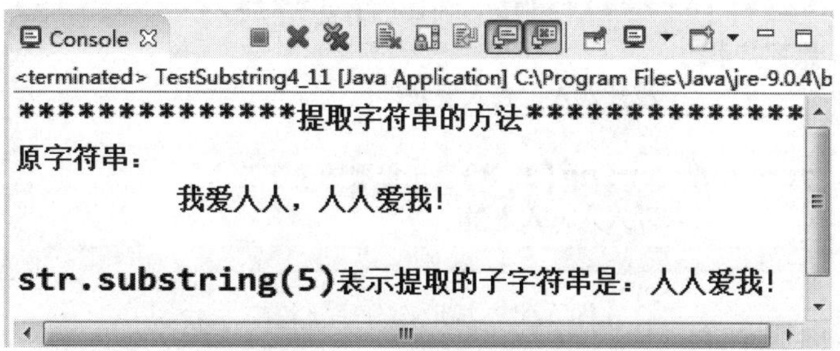

图 4-21　提取子字符串

实现代码如下所示：

```
public class TestSubstring {
    public static void main(String[] args) {
        //提取字符串的方法
        System.out.println("************提取字符串的方法************");
        String str=new String("我爱人人，人人爱我！");
        System.out.println("原字符串：\n\t"+str+"\n");
        String str1=str.substring(5);

        System.out.println("str.substring(5)表示提取的子字符串是：\n\t"+str1);
    }
}
```

（4）substring(int beginindex,int endindex)方法

视 频

实现会员登录功能2

该方法用于提取位置以beginindex开始，以endindex结束之间的字符串部分。需要注意的是，对于开始位置beginindex，Java是基于字符数组的首字符下标为0开始计算的，而对于终止位置endindex，Java是基于字符数组的首字符为1来处理的，如图4-22所示。

语法格式：

```
字符串1. substring (int beginindex,int endindex);
```

0	1	2	3	4	5	6	7	8	9
我	爱	人	人	，	人	人	爱	我	!
1	2	3	4	5	6	7	8	9	10

图 4-22　提取部分子串的方法

【例4-12】编程实现：提取“我爱人人，人人爱我”中的“爱人人，人人爱”，如图4-23所示。

```
String str="我爱人人，人人爱我";
```

```
String str1=s.substring(1,8);
```

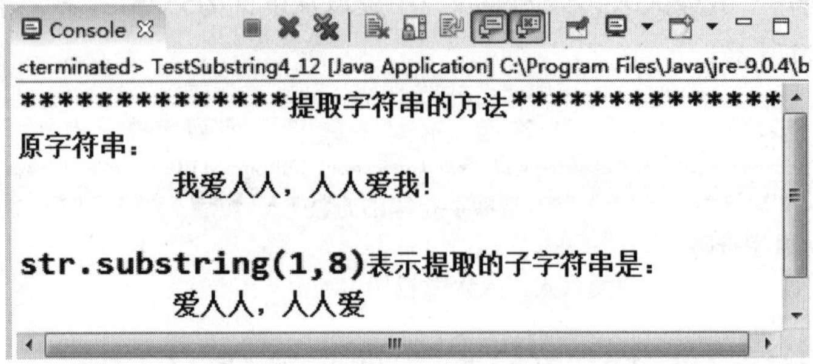

图 4-23　提取部分子字符串

实现代码如下：

```
public class TestSubstring {
    public static void main(String[] args) {
        //提取字符串的方法
        System.out.println("************提取字符串的方法************");
        String str=new String("我爱人人，人人爱我！");
        System.out.println("原字符串：\n\t"+str+"\n");
        String str1=str.substring(1,8);
        System.out.println("str.substring(1,8)表示提取的子字符串是：\n\t"+str1);

    }
}
```

（5）trim()方法

该方法可以忽略字符串前后的空格。在接收用户输入的字符串时，一般会调用trim()方法过滤掉字符串前后的多余空格。

语法格式：

```
字符串1. trim();
```

【例4-13】编程实现：删除字符串"□□□我爱人人，人人爱我□□□"前后的空格（□代表空格），如图4-24所示。

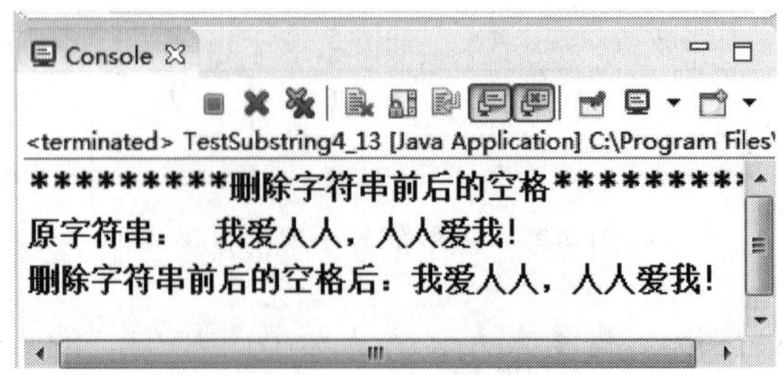

图 4-24　删除字符串前后的空格

实现代码如下：

```
public class TestSubstring {
    public static void main(String[] args) {
        // 使用trim()删除字符串前后的空格
        System.out.println("******删除字符串前后的空格******");
        String str=new String("□□□我爱人人，人人爱我！□□□");

        System.out.println("原字符串："+str);

        String str1=str.trim();
        System.out.println("删除字符串前后的空格后："+str1);
    }
}
```

（6）拆分字符串的方法

要拆分某个字符串，可以使用split()方法，按照给定的规则拆分字符串。

语法格式：

```
字符串1.Split(String separator,int limit);
```

separator可选项，表示拆分字符串时使用一个或多个字符串。如果不选择该项，则返回包含该字符所有单元字符的元素数组。

Limit可选项，该值用来限制返回数组中的元素个数。

【例4-14】String str="哈尔滨职业技术学院 电子与信息工程学院 软件技术专业";利用空格拆分该字符串，如图4-25所示。

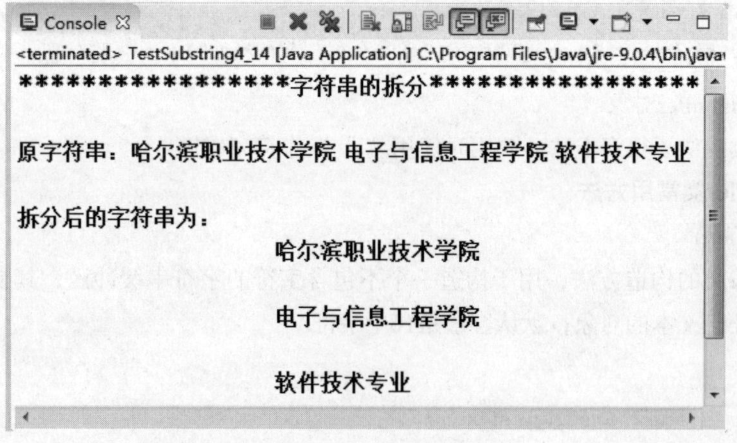

图 4-25　拆分字符串的方法

实现代码如下所示：

```
public class TestSubstring {
    public static void main(String[] args) {
        // 字符串的拆分
```

```
        System.out.println("****************字符串的拆分****************\n");
        String str=new String("哈尔滨职业技术学院 电子与信息工程学院 软件技术专业");
        System.out.println("原字符串: "+str+"\n");
        String strArrays[]=new String[10];
        strArrays=str.split(" ");
        System.out.println("拆分后的字符串为: ");
        for(int i=0;i<strArrays.length;i++) {
            System.out.println("\t\t"+strArrays[i]);
            System.out.println();
        }
    }
}
```

二、StringBuffer 类

在Java中，除了使用String 类存储字符串之外，还提供了StringBuffer 类存储字符串。StringBuffer类用于处理字符串。而且它是一种引用数据类型，比String类更高效地存储字符串。特别是对字符串的连接操作，使用StringBuffer类不生成新的对象，可以提高程序的执行效率。

1. StringBuffer类的使用

StringBuffer类位于java.lang包中，是String类的增强类，使用时不需要特殊的导入语句。使用StringBuffer类也需要两步完成。

（1）声明StringBuffer 对象并初始化

```
//声明一个空的StringBuffer对象
StringBuffer sb1=new StringBuffer();
//声明一个字符串"我爱人人，人人爱我"
StringBuffer sb2=new StringBuffer("我爱人人，人人爱我");
```

（2）使用StringBuffer对象

StringBuffer 类提供了很多方法，调用时使用“.”操作符完成。

2. StringBuffer类常用方法

（1）StringBuffer()

是StringBuffer类的构造方法，用于构造一个不包含字符的字符串缓冲区，其初始容量为16个字符，创建不包含任何文本的对象，默认容量是16个字符。

例如：

```
StringBuffer sb=new StringBuffer();
```

（2）StringBuffer(String str)

使用该方法构造一个字符串缓冲区，并将其内容初始化为指定的字符串。

例如：

```
StringBuffer sb=new StringBuffer("Hello World! ");
```

（3）字符串转换方法toString()

该方法用于将StringBuffer类型转换为String。

【例4-15】将StringBuffer类的对象Hello，转换为String类型的对象，如图4-26所示。

图 4-26　toString() 方法应用

实现代码如下所示：

```
public class TestToString {

    public static void main(String[] args) {
        //StringBuffer转换成String()
        System.out.println("***StringBuffer转换成String()***\n");
        StringBuffer sb=new StringBuffer("Hello ");
        System.out.println("StringBuffer类对象："+sb);

        String str=sb.toString();
        System.out.println("转换为String类型的对象："+str);
    }
}
```

（4）字符串追加方法append()

所谓字符串的追加就是将一个指定字符串追加到已知字符序列中。

【例4-16】将字符串"中国！"追加在字符串"我爱你，"后面，并输出追加后的字符串"我爱你，中国！"，如图4-27所示。

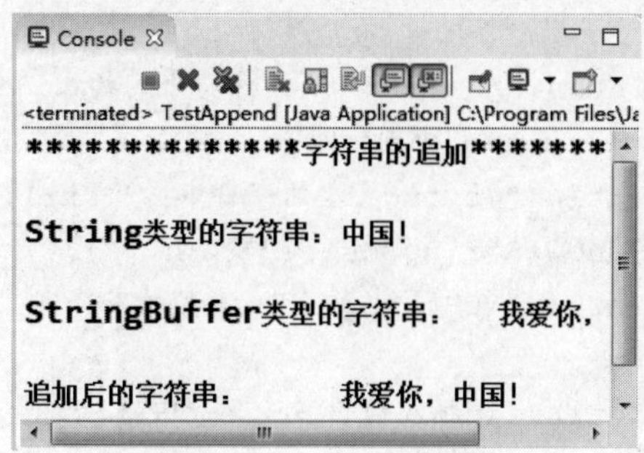

图 4-27　字符串的追加

实现代码如下所示：

```
public class TestAppend {
    public static void main(String[] args) {
        //字符串的追加
        System.out.println("************字符串的追加************\n");
        String str=new String("中国！");
        System.out.println("String类型的字符串：\t"+str);
        StringBuffer sb=new StringBuffer("我爱你，");
        System.out.println("\nStringBuffer类型的字符串：\t"+sb);
        sb.append(str);
        System.out.println("\n追加后的字符串：\t"+sb);
    }
}
```

（5）插入方法insert(int offset,String str)

该方法用于将子字符串插入到字符序列中。

【例4-17】将字符串"中国！"插入到字符串"我爱你，"后面，并输出插入后的字符串"我爱你，中国！"，如图4-28所示。

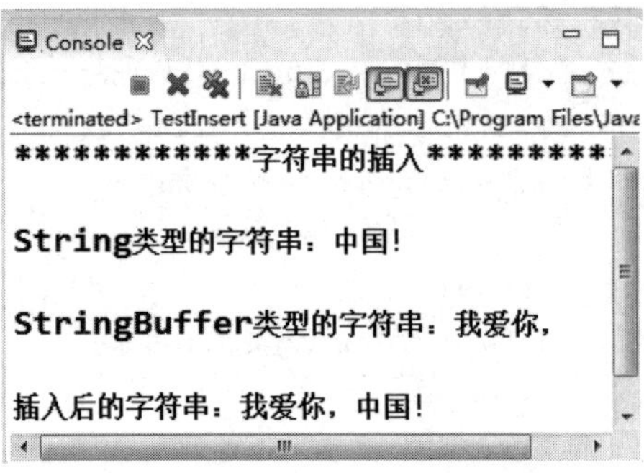

图 4-28　insert() 方法应用

实现代码如下所示：

```
public class TestInsert {
    public static void main(String[] args) {
        //字符串的插入
        System.out.println("************字符串的插入************\n");
        String str=new String("中国！");
        System.out.println("String类型的字符串："+str);
        StringBuffer sb=new StringBuffer("我爱你，");
        System.out.println("\nStringBuffer类型的字符串："+sb);
        sb.insert(4,str);
        System.out.println("\n插入后的字符串："+sb);
    }
}
```

（6）替换方法replace(int start,int end,String str)

replace(int start,int end,String str)方法用于将字符串中以start开始的位置，到end-1位置结束的子字符串，替换为str。

【例4-18】用字符串"中国！"替换字符串"我爱你，妈妈"中的子字符串"妈妈"，并输出替换后的字符串"我爱你，中国！"，如图4-29所示。

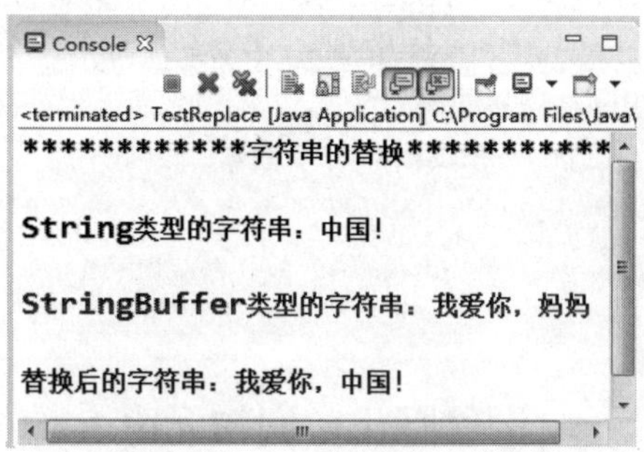

图 4-29　replace() 方法应用

实现代码如下所示：

```
public class TestReplace {
    public static void main(String[] args) {
        //字符串的替换
        System.out.println("************字符串的替换************\n");
        String str=new String("中国！");
        System.out.println("String类型的字符串："+str);
        StringBuffer sb=new StringBuffer("我爱你，妈妈");
        System.out.println("\nStringBuffer类型的字符串："+sb);
        sb.replace(4,6,str);
        System.out.println("\n替换后的字符串："+sb);
    }
}
```

（7）移除字符串delete(int start,int end)

使用delete(int start,int end)方法可以移除字符串中的子字符串。

【例4-19】将字符串"我爱你，妈妈"中的子字符串"我"移除，并输出移除后的字符串"爱你，妈妈"，如图4-30所示。

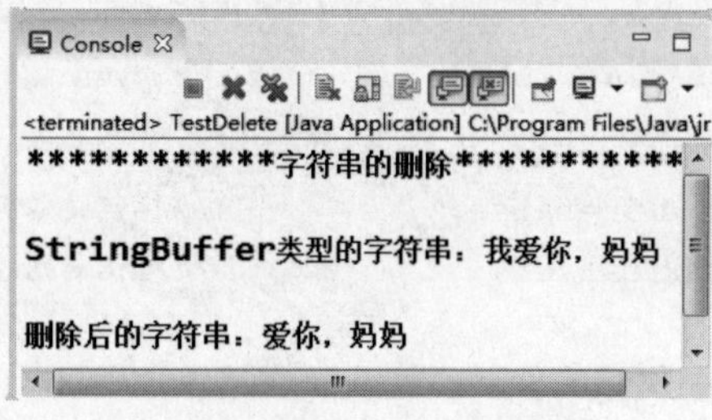

图 4-30　delete() 方法应用

实现代码如下所示：

```
public class TestDelete {
    public static void main(String[] args) {
        //字符串的删除
        System.out.println("**************字符串的删除**************\n");
        StringBuffer sb=new StringBuffer("我爱你，妈妈");
        System.out.println("StringBuffer类型的字符串："+sb);
        sb.delete(0,1);
        System.out.println("\n删除后的字符串："+sb);
    }
}
```

潜移默化、润物无声

在信息化时代，网络充斥着各种不安全因素，紫光云与紫光国微推出“数据保险箱”上云更安全，为云上用户提供了一条从芯到云的信任链，让数据从用户本地到公有云流动的整个过程都在加密保护中。

任务实施

步骤 1：双击项目名称“3XShopping”。

步骤 2：双击包名“com.soft.shopping”。

步骤 3：在包中新建一个Java类，并且给类命名为“Login.java”。

步骤 4：双击类文件名，打开类窗口编辑器。

输入代码如下：

```
import java.util.Scanner;
public class Login {
    /**
     * 会员登录
     */
    public static void main(String[] args) {
        String answer="y";                          //标识是否继续
        String userName="";                         //用户名
        String password="";                         //密码
        int cardNumber=0;                           //卡号
        boolean isRegister=false;                   //标识是否注册
        boolean isLogin=false;                      //标识是否登录
        int max=9999;
        int min=1000;
        int choice;
```

```
        Scanner input=new Scanner(System.in);
        do {
            System.out.println("\n\t欢迎使用3X购物管理系统");
            System.out.println("*******************************************");
            System.out.println("\t     1. 注     册\n");
            System.out.println("\t     2. 登     录\n");
            System.out.println("\t     3. 退     出\n");
            System.out.println("*******************************************");
            System.out.print("请选择，输入数字(1-3)：");
            choice=input.nextInt();
            switch(choice){
            case 1:
                System.out.println("3X购物管理系统>>注  册");
                System.out.println("请填写个人注册信息：");
                System.out.print("用户名：");
                userName=input.next();
                System.out.print("密   码：");
                password=input.next();
                //获取4位随机数作为卡号
                cardNumber=(int)(Math.random()*(max-min))+min;
                System.out.println("\n注册成功，请记好您的会员卡号");
                System.out.println("用户名\t密码\t\t会员卡号");
                System.out.println(userName+"\t"+password+"\t"+cardNumber);
                isRegister=true;                  //注册成功，标志位设置为true
                break;

            case 2:
                System.out.println("3X购物管理系统>>登  录");
                if(isRegister) {                  // 判断是否注册
                    //3次输入机会
                    for (int i=1; i<=3; i++) {
                        System.out.print("用 户 名：");
                        String inputName=input.next();
                        System.out.print("密      码：");
                        String inputPassword=input.next();
                        if(userName.equals(inputName)&&password.equals
(inputPassword)){
                            System.out.println("\n欢迎您："+userName);
                            isLogin=true;         //登录成功，标志位设置为true
                            break;
                        } else if(i<3) {
                            System.out.println("\n用户名或密码错误，还有"+(3-i)+
"次机会！");
```

```
                    } else {
                        System.out.println("您3次均输入错误！");
                    }
                }
            } else {
                System.out.println("请先注册，再登录！");
            }
            break;

        case 3:
            break;

        default:
            System.out.println("您的输入有误！");
            break;
        }
        if(choice==3) {
            System.out.println("系统退出，谢谢使用！");
            break;
        }
        System.out.print("继续吗?(y/n):");
        answer=input.next();
        System.out.println("");
    } while ("y".equals(answer));
    if("n".equals(answer)) {
        System.out.println("系统退出，谢谢使用！");
    }
  }
}
```

拓展任务

学生提交作业时，要求提交的文件以“.java”为扩展名；邮箱的格式必须合法，如“用户名@服务器.com”；请编程实现提交前的验证功能 。

运行结果如图4-31～图4-34所示。

图 4-31 作业提交成功

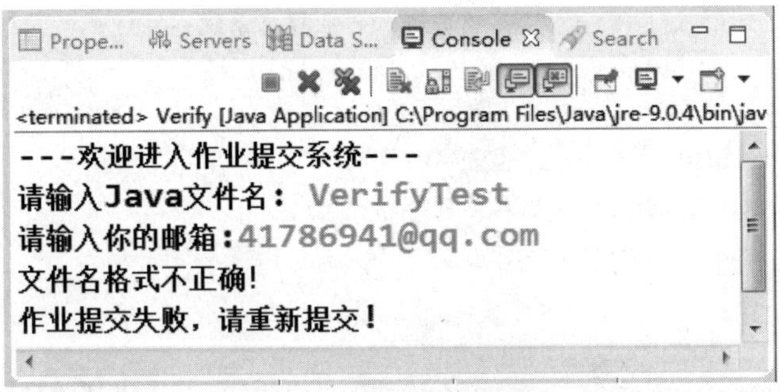

```
<terminated> Verify [Java Application] C:\Program Files\Java\jre-9.0.4\bin\jav
---欢迎进入作业提交系统---
请输入Java文件名： VerifyTest
请输入你的邮箱:41786941@qq.com
文件名格式不正确!
作业提交失败，请重新提交!
```

图 4-32　文件名格式不正确

```
<terminated> Verify [Java Application] C:\Program Files\Java\jre-9.0.4\bin\jav
---欢迎进入作业提交系统---
请输入Java文件名： VerifyTest.java
请输入你的邮箱:41786941
E-mail格式不正确! 。
作业提交失败，请重新提交!
```

图 4-33　E-mail 格式不正确

```
<terminated> Verify [Java Application] C:\Program Files\Java\jre-9.0.4\bin\jav
---欢迎进入作业提交系统---
请输入Java文件名： VerifyTest
请输入你的邮箱:41786941
文件名格式不正确!
E-mail格式不正确! 。
作业提交失败，请重新提交!
```

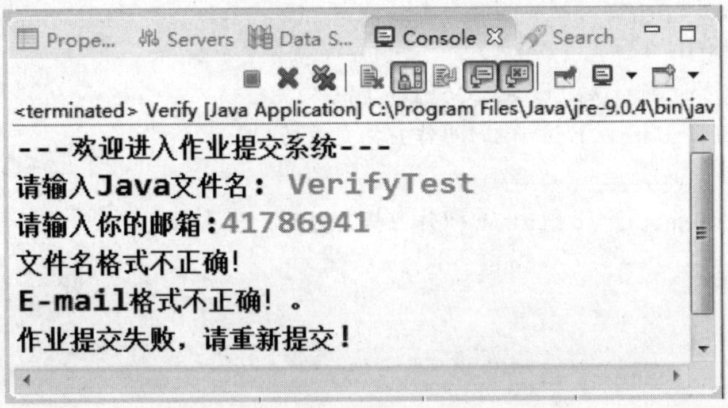

图 4-34　文件名和 E-mail 格式都不正确

实现代码如下所示：

```
/**
 * 利用字符串的提取方法，判断提交的文件格式和E-mail邮箱格式是否正确
 */
import java.util.*;
public class Verify{
    public static void main(String[] args) {
        //声明变量
        boolean fileCorrect=false;          //标识文件名是否正确
        boolean emailCorrect=false;         //标识E-mail是否正确
```

```
        System.out.println("---欢迎进入作业提交系统---");
        Scanner input=new Scanner(System.in);
        System.out.print("请输入Java文件名: ");
        String fileName=input.next();
        System.out.print("请输入你的邮箱:");
        String email=input.next();

        //检查Java文件名
        int index=fileName.lastIndexOf(".");        //"."的位置
        if(index!=-1 && index!=0 && fileName.substring(index+1, fileName.
length()).equals("java")){

            fileCorrect=true;                       //标识文件名正确
        }else{
            System.out.println("文件名格式不正确! ");
        }
        //检查你的邮箱格式
        if(email.indexOf('@')!=-1 && email.indexOf('.')>email.indexOf('@')){
            emailCorrect=true;                      //标识E-mail正确
        }else{
            System.out.println("E-mail格式不正确! 。");
        }
        //输出检测结果
        if(fileCorrect && emailCorrect){
            System.out.println("作业提交成功!");
        }else{
            System.out.println("作业提交失败，请重新提交!");
        }
    }
}
```

项目总结

本项目学习了定义一个字符串可以使用String类和增强版StringBuffer类。并且学习了String类型的常用方法和增强版StringBuffer类型的定义和常用方法。

① String类提供的常用方法有：

获取字符串长度的方法：length();

比较字符串的方法：equals();

忽略大小写字母比较的方法：equalsIgnoreCase();

字符串大写转换成小写的方法：toLowerCase();

字符串小写转换成大写的方法：toUpperCase()；

连接字符串的方法："+"和concat()；

搜索字符串的方法：substring()；

提取字符串的方法：indexOf()、lastIndexOf()；

拆分字符串的方法：split()。

② StringBuffer类提供的常用方法有：

无参构造方法：StringBuffer()；

带构构造方法：StringBuffer(String str)；

转换成String类型的方法：toString()；

字符串追加方法：append()；

插入方法：insert(int offset,String str)；

替换方法：replace(int start,int end,String str)；

移除字符串：delete(int start,int end)。

项目实训

实训一：小明申请注册一个QQ号，编程实现。

运行结果如图4-35所示。

实训二：小明注册了一个QQ号，现验证登录是否成功，编程实现。

运行结果如图4-36所示。

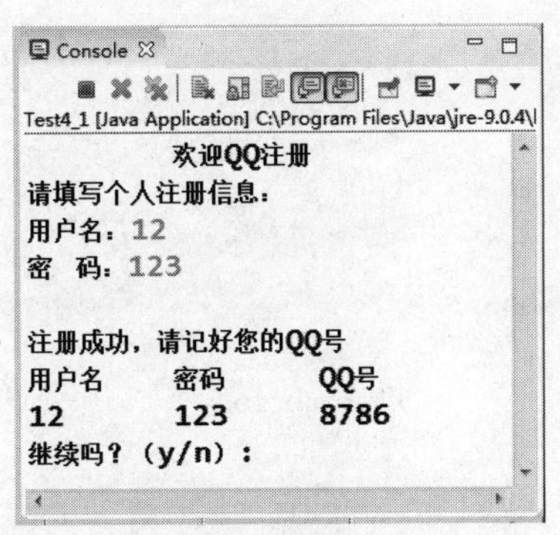

图 4-35　QQ 注册

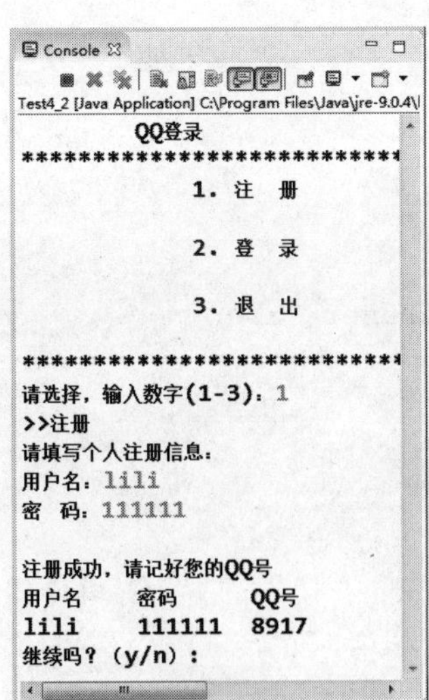

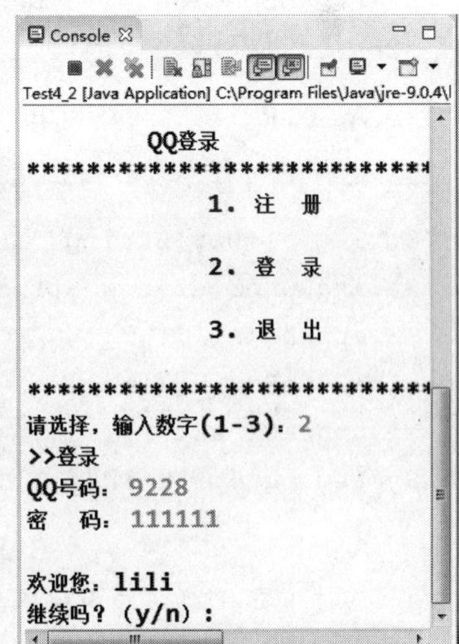

图 4-36　QQ 登录

实训三：提取字符串"不忘初心，砥砺前行"中的"初心"。

运行结果如图4-37所示。

图 4-37　提取文字

课后拓展

对录入的信息进行有效性验证。录入会员生日时，形式必须是“月/日”，如“09/12”，录入的密码位数必须为6 ~ 10位，允许用户重复录入，直到输入正确为止。

课后习题

一、选择题

1. 运行下列程序段，s2 的结果是（　　）。

```
String s1=new String("abc");
String a2="ef";
s2=s1.toUpperCase().concat(s2);
s2=s2.substring(2,4);
```

A. Cef　　B. cef　　C. Ce　　D. BCe

2. 运行下列程序段，输出结果是（　　）。

```
String s1=new String("abc");
StringBuffer s2=new StringBuffer("abc");
s2.append(s1);
s1=s2.toString();
s1.concat("abc");
System.out.println(s1);
```

A. abc　　B.abcabc　　C. 编译错误　　D.abcabcabc

3. 阅读下列代码，其中错误的代码是（　　）。

```
public class Demot{
    public void showFavor(StringBuffer thing){        //1
        System.out.println(thing);                    //2
    }
    public static void main(String[] args){
```

```
        StringBuffer myFavor="足球";          //3
        showFavor(StringBuffer myFavor);      //4
    }
}
```

A. 无　　　B. 第 1 行　　　C. 第 3 行和第 4 行　　　D. 第 2 行和第 3 行

4. 阅读下列代码，输出结果中包含（　　）字符串。

```
public class Demo{
    public static void main(String[]args){
        String s1=new String("-");
        String s2="abc";
        double a=8.98;
        if(s2.equals("Abc")){
            s1=s1+".el";
        }else{
            s1=s1+".e2";
        };
        if(s2.length()==3){
          s1=s1+".e3";
        }
        if(a<=8){
            s1=s1+".e4";
        }
        System.out.println(s1);
        }
}
```

A. -.e4　　　B. -.e1.e3　　　C. -e2.e3　　　D. -.w1

5. 下列关于字符串的叙述中错误的是（　　）。（多选题）

A. 字符中是对象

B. String 对象存储字符中的效率比 StringBuffer 高

C. 可以使用 StringBuffer sb="这里是字符串"声明并初始化 StringBuffer 对象

D. String 类提供了许多用来操作字符串的方法，如连接、提取、查询等

二、编程题

1. 输入 5 种水果的英文名称（如葡萄 grape、橘子 orange、香蕉 banana、苹果 apple、桃子 peach），编写一个程序，输出这些水果的名称（按照在字典里出现的先后顺序输出）。

2. 假设中国人的姓都是单个字，请随机输入一个人的姓名，然后输出姓和名。

3. 录入用户的 18 位身份证号码，从中提取用户的生日。

项目5 实现管理员模块的功能

项目描述

为了维护和管理“3X购物管理系统”，增加系统的安全性和可靠性，在系统中增加一个管理员模块。这个模块可以实现管理员的登录和管理员权限的设置。管理员的权限包括：添加客户信息、查询客户信息、修改客户信息和删除客户信息。通过本项目，要求学生掌握面向对象的开发思想，掌握类和对象之间的关系，掌握无参方法和带参方法的应用。实现“3X购物管理系统”中的管理员模块的功能，其主要包含以下任务：

- 任务1　以管理员身份登录；
- 任务2　手动添加客户信息；
- 任务3　查询系统客户信息；
- 任务4　修改系统客户信息；
- 任务5　删除系统客户信息。

网络安全之重要

网络安全和信息化是一体之两翼、驱动之双轮，必须统一谋划、统一部署、统一推进、统一实施。做好网络安全和信息化工作，要处理好安全和发展的关系，做到协调一致、齐头并进，以安全保发展、以发展促安全，努力建久安之势、成长治之业。没有网络安全就没有国家安全，没有信息化就没有现代化。建设网络强国，要有自己的技术，有过硬的技术；要有丰富全面的信息服务，繁荣发展的网络文化；要有良好的信息基础设施，形成实力雄厚的信息经济；要有高素质的网络安全和信息化人才队伍；要积极开展双边、多边的互联网国际交流合作。

——《在中央网络安全和信息化领导小组第一次会议上的讲话》(2014年2月27日)

《人民日报》2014年2月28日

学习目标

知识目标

- 掌握类和对象的定义；
- 掌握类和对象之间的关系；
- 掌握无参方法的定义、返回值和调用；
- 掌握带参方法的定义、返回值和调用；
- 掌握带参方法的参数传递特点；
- 掌握利用数组作为参数的带参方法的应用；
- 掌握利用对象作为参数的带参方法的应用。

能力目标

- 会定义类和对象；
- 能熟练掌握类与对象之间的关系；
- 能够正确定义无参方法并通过调用获得返回值；
- 能够正确定义带参方法并通过调用获得返回值；
- 能够掌握带参方法的参数传递特点及应用；
- 熟练掌握利用数组作为参数的带参方法的应用；
- 熟练掌握利用对象作为参数的带参方法的应用。

素质目标

- 培养学习者对信息加工、总结、归纳等的能力；
- 培养学习者良好的团队合作能力和抗压能力；
- 培养学习者正确的编码规范能力；
- 培养学习者守时、求是、求知的职业道德；
- 学习者必须具备执着专注、谨慎求精、举一反三等优良素质，这也正是大国工匠精神的体现，爱岗敬业，精益求精；
- 培养学习者的自主学习能力，提高学生的综合素质；
- 锻炼学习者之间的团队协作能力，共同建立和谐民主的学习环境。

任务1 以管理员身份登录

任务描述

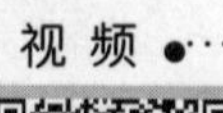

实现管理员登录

为了更好地维护和管理“3X购物管理系统”，在系统管理员模块中实现管理员登录功能。

要求利用类和对象的知识点，实现管理员登录。如果登录成功，显示“×××登录成功！”，如图5-1所示；如果登录失败，显示“输入有误，登录失败！”，如图5-2所示。

图 5-1　管理员登录成功

图 5-2　管理员登录失败

潜移默化、润物无声

新冠肺炎（COVID-19）疫情带来了巨大的危机，但同时给了我们一些启迪。在这个特殊时期，科学技术在控制疫情和社会管理方面发挥了巨大作用。抗击疫情，大数据发挥了重要作用，大数据助力流行病精准防控。历史和现实再次告诉我们：只有自强的人，才能成为英雄，只有像钟南山这样具有深厚品德的人，才能成为挺立的栋梁。培养“天行健，君子以自强不息；地势坤，君子以厚德载物”的责任感和使命感，疫情防控行程卡如图5-3所示。

图 5-3　疫情防控，人人有责

知识链接

一、类和对象

1．对象（Object）

对象用来描述客观事物的一个实体，由属性和方法两部分组成，是动作和行为的统一体。

属性用来描述对象的静态特征，这个静态特征值就是属性值，例如，学生对象具有的属性是姓名、性别、年龄及联系方式，分别给它们赋值，即为属性值，例如，姓名为“王东”，性别为“男”，年龄为“20”，联系方式为“1384508123*”。

方法是用来描述对象动作、行为的动态特征，这个动态特征的过程就是方法体。例如，对象王东喜欢打球、游泳、唱歌等，这些都是他的动态特征，可以定义为方法。

2．类（Class）

俗话说“物以类聚”，人们在平时整理东西时，总是把具有相同特点的东西放在一起，便于管理。编程也是一样，把具有相同属性和方法的所有对象归为一个集合，即类。类是Java语言面向对象编程的基本元素，它定义了一个对象拥有的属性和方法。

3. 类和对象的关系

类与对象的关系就如同模具和用这个模具铸造出来的产品之间的关系。类给出了属于该类的全部对象的抽象定义，而对象则是符合这种定义的一个实体。所以说，类是抽象的，是实体对象的概念模型，而一个对象是具体的，是一个类的实例。

【例5-1】有一个学生类，包含属性：学号、姓名、性别、年龄和联系方式；方法：显示学生信息的方法show()，实现代码如下：

```
public class Student {
    String id;                  //学号
    String name;                //姓名
    char sex;                   //性别
    int age;                    //年龄
    String phone;               //联系方式

    public void show() {        //显示学生信息的方法
        System.out.println("该学生的信息如下：");
        System.out.println("学号："+id);
        System.out.println("姓名："+name);
        System.out.println("性别："+sex);
        System.out.println("年龄："+age);
        System.out.println("联系方式："+phone);
    }
}
```

方法show()的方法体部分的代码，可用如下语句代替：

```
System.out.println("该学生的信息如下:\n学号："+id+"\n姓名："+name+"\n性别：
"+sex+"\n年龄："+age+"\n联系方式："+phone);
```

二、类的模板

Java中类的一般格式如下所示。

语法：

```
public class <类名>{
    //定义属性部分
    属性1的类型  属性1;
    属性2的类型  属性2;
    ...
    属性3的类型  属性3;

    //定义方法部分
    方法1;
    方法2;
    ...
```

```
    方法n;
}
```

在Java中要创建一个类，需要使用一个class、一个类名和一对大括号{ }。

其中，class是创建类的关键字。在class前有一个public，表示“公有”的意思。编写程序时，要注意编码规范，不要漏写public。在class关键字的后面要给定义的类命名，然后写上一对大括号{ }，类的主体部分就写在{}中。

类的命名遵循一定的规则：

- 不能使用Java中的关键字。
- 不能包含空格或点号“.”，以及除下画线“_”、“$”字符外的特殊符号。
- 不能以数字开头。

另外，类名通常由多个单词组成，每个单词的首字母大写；给类起名字时，应该尽量达到顾名思意的原则，使用完整单词，避免使用缩写词。

三、如何定义类

由Java模板可知，定义类包含对象将会拥有的属性和方法，其步骤如下：

1. 定义类名

```
public class 类名{
}
```

例如：

```
public class Student {

}
```

2. 编写类的属性

在类的主体中定义变量来描述类所具有的属性，这些变量称为类的成员变量。

例如：

```
String id;                    //学号
String name;                  //姓名
char sex;                     //性别
int age;                      //年龄
String phone;                 //联系方式
```

3. 编写类的方法

在类的主体中定义方法来描述类所具有的行为，这些方法称为类的成员方法。

例如：

```
public void show() {          //显示学生信息的方法
    System.out.println("该学生的信息如下：");
    System.out.println("学号："+id);
    System.out.println("姓名："+name);
```

```
    System.out.println("性别: "+sex);
    System.out.println("年龄: "+age);
    System.out.println("联系方式: "+phone);
}
```

四、如何创建和使用对象

由于类的作用就是创建对象，而且类是对象的类型。由类生成对象的过程，称为类的实例化过程。一个实例就是一个对象，一个类可以生成多个对象。

1. 创建对象的方法

语法如下：

```
类名 对象名=new 类名();
```

例如：创建一个Student类型的对象st。

```
Student st=new Student();
```

对象st是Student类型。使用new创建对象，此时，并没有给其数据成员赋值，因为属性的类型不一样。所以在创建对象后，再给其数据成员赋值。

2. 对象的使用

在Java中，对象在访问其属性和方法时，需要使用点“.”操作符，表示访问操作符。

语法如下：

```
对象名.属性
对象名.方法名()
```

例如：创建Student类型的对象st后，就可以访问其属性并赋值，也可以访问其方法。

```
st.id="DZXX2018010106";
st.name="王东";
st.sex='男';
st.age=19;
st.phone="1384508123*";
st.show();
```

下面给例5-2编写一个测试类，命名为TestStudent，整理如下：

```
public class TestStudent {
   public static void main(String[] args) {
        // 测试类
        Student st=new Student();
        st.id="DZXX2018010106";
        st.name="王东";
        st.sex='男';
        st.age=19;
        st.phone="1384508123*";
        st.show();
```

```
        }
    }
```

执行代码，在控制台得到如图5-4所示结果。

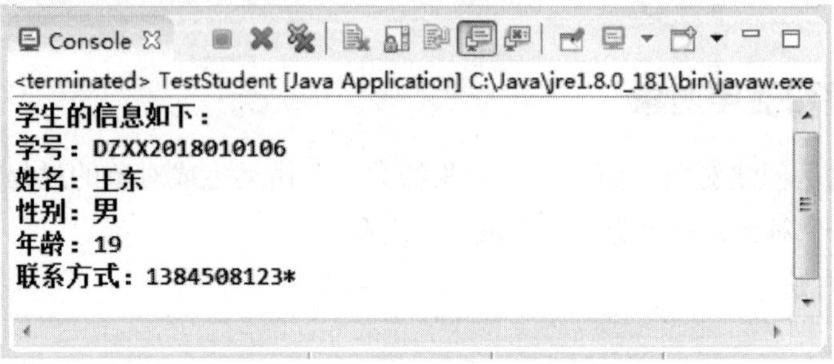

```
Console
<terminated> TestStudent [Java Application] C:\Java\jre1.8.0_181\bin\javaw.exe
学生的信息如下：
学号：DZXX2018010106
姓名：王东
性别：男
年龄：19
联系方式：1384508123*
```

图 5-4　Student 测试类运行结果

任务实施

步骤1：双击项目名称“3XShopping”。

步骤2：在项目中右击“src”，在弹出的快捷菜单中选择“New”→“Package”命令，创建一个包，并命名为“com.soft.manager”。

步骤3：在包中新建一个Java类，并命名为“Admin.java”。

步骤4：双击类文件名，打开类窗口编辑器。

步骤5：在管理员类（Admin）中声明两个属性，分别是管理员的用户名和登录密码。代码如下：

```
//创建管理员类(Admin)
public class Admin {
    String name;
    String password;
}
```

步骤6：创建一个登录类（Login），判断管理员是否登录成功，如果管理员的用户名和登录密码输入正确，则返回登录成功；否则，返回登录失败。实现代码如下所示：

```
import java.util.Scanner;
public class Login {
    public static void main(String[] args) {
        //管理员登录
        Admin admin=new Admin();
        admin.name="admin";
        admin.password="123";
        Scanner input=new Scanner(System.in);
        System.out.println("3X购物管理系统>>管理员界面");
        System.out.println("****************************");
```

```
        //登录时输入的管理员名和密码
        System.out.print("管理员：");
        String AdminInput=input.next();
        System.out.print("密    码：");
        String AdminPassword=input.next();
        System.out.println("****************************");

        //判断输入的管理员名和密码是否正确
        if(admin.name.equals(AdminInput)&&admin.password.equals(AdminPassword)){
            System.out.println(admin.name+"登录成功！");
        }else {
            System.out.print("输入有误，登录失败！");
        }
    }
}
```

拓展任务

利用类和对象的知识点，编写一个学生类，包含以下属性：学生姓名、性别、年龄、家庭住址和联系方式，并输出学生的信息。

运行结果如图5-5所示。

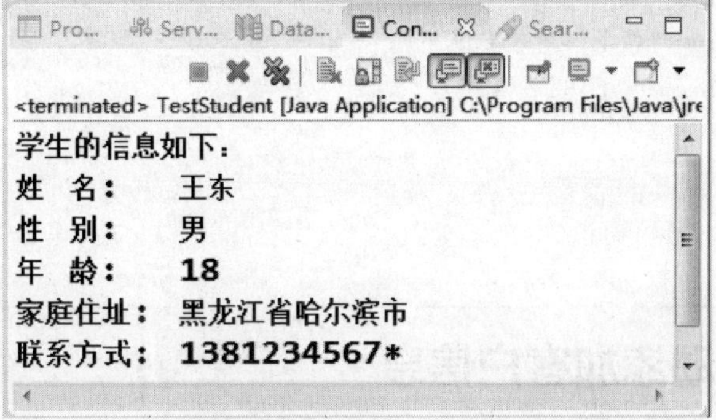

图5-5　学生类

实现步骤如下：

① 创建一个学生类，包括以下属性：学生姓名、性别、年龄、家庭住址和联系方式，并声明一个显示学生信息的方法show()。

```
//创建一个学生类
public class Student {
    //定义学生属性
    String name;        //姓名
    String sex;         //性别
    int age;            //年龄
```

```
    String address;     //家庭住址
    String telephone;   //联系方式

    //输出学生信息
    public void show() {
        System.out.println("学生的信息如下：");
        System.out.println("姓    名:\t"+name);
        System.out.println("性    别:\t"+sex);
        System.out.println("年    龄:\t"+age);
        System.out.println("家庭住址:\t"+address);
        System.out.println("联系方式:\t"+telephone);
    }
}
```

② 创建一个测试类，声明一个学生对象，给学生对象的属性赋值并调用show()方法。

```
//编写一个测试类
public class TestStudent {
    public static void main(String[] args) {
        Student st=new Student();
        st.name="王东";
        st.sex="男";
        st.age=18;
        st.address="黑龙江省哈尔滨市";
        st.telephone="1381234567*";
        st.show();
    }
}
```

任务 2 手动添加客户信息

视频

添加客户信息

任务描述

在“3X购物管理系统”中，为了实现管理员对客户信息的管理操作，需要实现添加客户信息的功能。

操作步骤如下：

进入“3X购物管理系统”中的“管理员登录”模块，选择“客户管理”功能模块，显示“客户管理”界面，如图5-6所示。

Console
Start [Java Application] C:\Program Files\Java\jre-9.0.4\bin\javaw.exe
3X购物管理系统>>管理员登录>>客户管理
****
1. 添加客户信息
2. 查询客户信息
3. 修改客户信息
4. 删除客户信息
5. 返回
****
请选择：

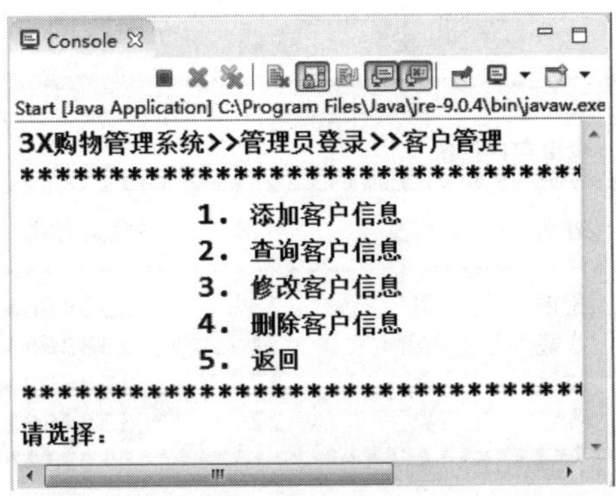

图 5-6　客户管理界面

首先查看系统中有哪些客户信息，选择“2”，进入“查询客户信息”界面，如图5-7所示。

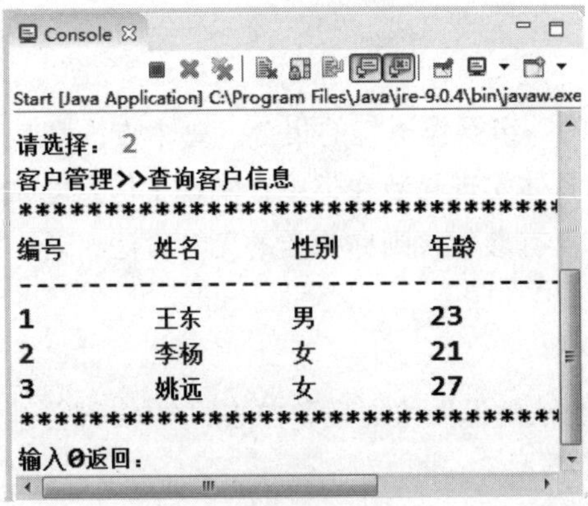

Console
Start [Java Application] C:\Program Files\Java\jre-9.0.4\bin\javaw.exe
请选择：2
客户管理>>查询客户信息
****
编号　姓名　性别　年龄

1　王东　男　23
2　李杨　女　21
3　姚远　女　27
****
输入0返回：

图 5-7　查询客户信息

看到系统中有3条客户信息记录，输入“0”，返回到“客户管理”界面，如图5-5所示，再选择“1”，进入“添加客户信息”界面，输入客户相关信息，如图5-8所示。

Console
Start [Java Application] C:\Program Files\Java\jre-9.0.4\bin\javaw.exe
请选择：1
客户管理>>添加客户信息
****
客户姓名：张三
性　别：男
年　龄：27
电话号码：1384501234*
****
客户张三添加成功！
输入0返回：

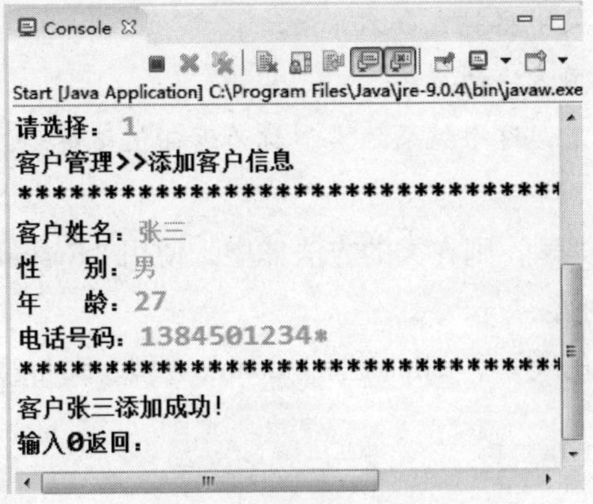

图 5-8　添加客户信息

完成客户信息的添加，输入“0”，返回到“客户管理”界面，如图5-5所示，再选择“2”，进入“查询客户信息”界面，即可看到添加的客户信息，如图5-9所示。

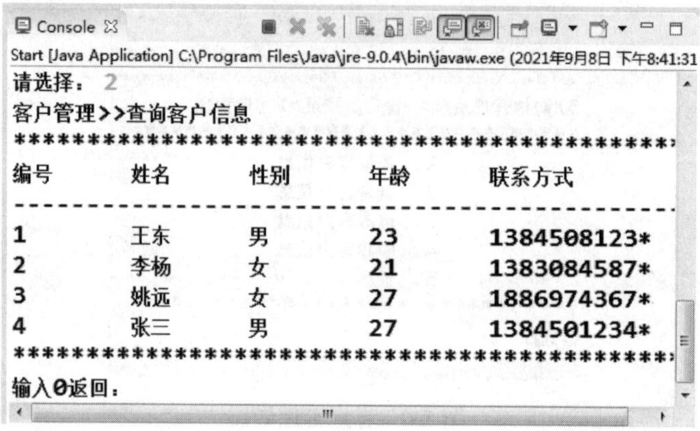

```
Console ⊠
Start [Java Application] C:\Program Files\Java\jre-9.0.4\bin\javaw.exe (2021年9月8日 下午8:41:31
请选择： 2
客户管理>>查询客户信息
*****************************************
编号      姓名      性别      年龄      联系方式
-----------------------------------------
1         王东      男        23        1384508123*
2         李杨      女        21        1383084587*
3         姚远      女        27        1886974367*
4         张三      男        27        1384501234*
*****************************************
输入0返回：
```

图 5-9　查询客户信息

知识链接

Java中的方法是对象执行的一组操作语句的集合。每个方法都是实现一个功能。类的方法定义了类的某种行为，而且方法的具体实现封装在类中，实现了信息隐藏。类的方法分为两种：无参方法和带参方法。若一个方法中没有参数，则称为类的无参方法；若一个方法中带有参数，则称为类的带参方法。

1. 如何定义类的无参方法

类的方法由方法的名称、方法的返回值类型和方法的主体3部分组成。其语法如下：

```
public 返回值类型  方法名(){

}
```

注意：

方法体放在大括号{}中，执行一段代码，完成某个功能。

方法名的命名原则，一般采用骆驼式命名方法。

调用方法时，实际上是调用方法的名字。

方法执行后会返回一个结果，这个结果的类型称为返回值类型。

2. 无参方法的返回

如果方法的返回值是void类型，则在类的方法体中，使用“System.out.println()”或“System.out.print()”语句，返回方法体的内容。

如果方法的返回值是具体的类型，如int类型、double类型、String类型等，必须使用return语句返回值。

return语句的语法：

```
return 表达式;
```

注意：使用return返回时，一定要注意每个方法只能使用一个return语句。如果要返回多个值时，可以使用提示信息和连接符“+”组成一个String类型的字符串返回。

例如：要返回一个学生的身高（height）和体重（weight）。

如果用“return height+weight;”，则返回的值并不是想要的结果。应该改为：

```
return "身高："+height+"，体重："+weight;
```

【例5-2】编程实现：从键盘上输入三门功课的成绩，求这三门功课的总分和平均分，如图5-10所示。

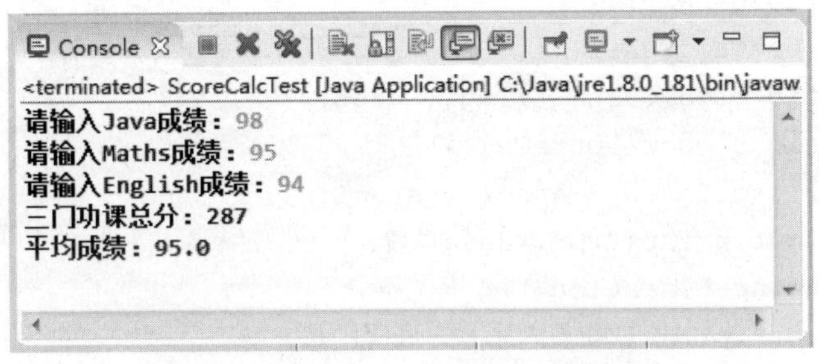

图5-10　输入成绩，计算总分和平均分

实现步骤：

① 创建一个类（ScoreCalc），用于完成三门功课总分和平均分，实现代码如下：

```
public class ScoreCalc {
    int Java;            //Java成绩
    int Maths;           //Maths成绩
    int English;         //English成绩
    int sum=0;
    double avg=0;

    //计算三门功课的总分
    public int Sum(){
        sum=Java+Maths+English;
        return sum;
    }
    //显示三门功课的总分
    public void showSum() {
        System.out.println("三门功课总分："+Sum());
    }

    //计算三门功课的平均成绩
    public double Avg() {
        avg=sum/3;
        return avg;
    }

    //显示三门功课的平均成绩
```

```
    public void showAvg() {
        System.out.println("平均成绩: "+Avg());
    }
}
```

② 编写测试类（ScoreCalcTest），实现利用对象访问属性和调用方法。

```
import java.util.Scanner;
public class ScoreCalcTest {
    public static void main(String[] args) {
        ScoreCalc st=new ScoreCalc();
        Scanner input=new Scanner(System.in);
        System.out.print("请输入Java成绩: ");
        st.Java=input.nextInt();
        System.out.print("请输入Maths成绩: ");
        st.Maths=input.nextInt();
        System.out.print("请输入English成绩: ");
        st.English=input.nextInt();
        st.showSum();
        st.showAvg();
    }
}
```

由本例可以看出在同一个类中方法的调用方式：不需要创建对象，直接调用即可，如在showSum()方法中，调用Sum()方法，使用的语句如下：

```
System.out.println("三门功课总分: "+Sum());
```

就是直接调用同类中的方法。

若是两个类之间方法的调用，需要创建类的对象，再通过“对象.方法名”进行调用。如测试类中的调用语句：

```
st.showSum();
```

就是先声明一个ScoreCalc类的对象st，然后通过st去调用ScoreCalc类中的方法。

任务实施

① 创建一个客户类（Customer），实现代码如下所示：

```
public class Customer {
    String[] username=new String[50];              //数组1存储客户的姓名
    String[] sex=new String[50];                   //数组2存储客户的性别
    int[] age=new int[50];                         //数组3存储客户的年龄
    String[] tel=new String[50];                   //数组4存储客户的电话号码
}
```

② 编写一个类（AddCustomer），实现添加客户信息的功能，实现代码如下所示：

```
import java.util.*;
public class AddCustomer {
    /**
     * 创建客户对象
     */
    Customer customer=new Customer();
    /**
     * 初始化三个客户信息
     */
    public void initial() {
        customer.username[0]="王东";
        customer.sex[0]="男";
        customer.age[0]=23;
        customer.tel[0]="1384508123*";

        customer.username[1]="李杨";
        customer.sex[1]="女";
        customer.age[1]=21;
        customer.tel[1]="1383084587*";

        customer.username[2]="姚远";
        customer.sex[2]="女";
        customer.age[2]=27;
        customer.tel[2]="1886974367*";
    }
    /**
     * 开始菜单
     */
    public void startMenu(){
        System.out.println("3X购物管理系统>>管理员登录>>客户管理");
        System.out.println("************************************");
        System.out.println("\t  1. 添加客户信息");
        System.out.println("\t  2. 查询客户信息");
        System.out.println("\t  3. 修改客户姓名");
        System.out.println("\t  4. 删除客户姓名");
        System.out.println("\t  5. 返回 ");
        System.out.println("************************************");
        System.out.print("请选择: ");
        Scanner input=new Scanner(System.in);
        int choice=input.nextInt();
        switch(choice){
              case 1:
                  add();
```

```
                    break;
                case 2:
                    search();
                    break;
                case 3:
                    System.out.println("客户管理>>修改客户信息");
                    System.out.println("************************************");
                    returnMain();
                    break;
                case 4:
                    System.out.println("客户管理>>删除客户信息");
                    System.out.println("*********************************");
                    returnMain();
                    break;
                case 5:
                    System.out.println("返回上一次菜单");
                    System.out.println("3X购物管理系统>>管理员登录");
                    System.out.println("**********************************");
                    break;
        }
    }
    /**
     * 返回主菜单
     */
    public void returnMain(){
        Scanner input=new Scanner(System.in);
        System.out.print("输入0返回: ");
        if(input.nextInt()==0){
            startMenu();
        }else{
            System.out.println("输入错误, 异常终止! ");
        }
    }
    /**
     * 查询客户信息
     */
    public void search(){
        System.out.println("客户管理>>查询客户信息");
        System.out.println("******************************************");
        System.out.println("编号\t姓名\t性别\t年龄\t联系方式");
        System.out.println("----------------------------------------");
        for(int i=0 ; i<customer.username.length; i++){
```

```
                if(customer.username[i]==null){
                    break;
                }
                System.out.println((i+1)+"\t"+customer.username[i]+"\t"+customer.
sex[i]+"\t"+customer.age[i]+ "\t" +customer.tel[i]);
            }
            System.out.println("********************************");
            returnMain();
        }
        /**
         * 添加客户信息
         */
        public void add(){
            Scanner input=new Scanner(System.in);
            System.out.println("客户管理>>添加客户信息");
            System.out.println("************************************");
            for(int i=0; i<customer.username.length; i++){
                if(customer.username[i]==null){     //查询最后一个空位置插入
                    System.out.print("客户姓名：");
                    customer.username[i]=input.next();
                    System.out.print("性        别：");
                    customer.sex[i]=input.next();
                    System.out.print("年        龄：");
                    customer.age[i]=input.nextInt();
                    System.out.print("电话号码：");
                    customer.tel[i]=input.next();
                    System.out.println("**********************************");
                    System.out.println("客户"+customer.username[i]+"添加成功！");
                    break;
                }
            }
            returnMain();
        }
    }
```

③ 编写测试类，测试客户信息添加是否成功，实现代码如下所示：

```
public class Start {
    /**
     * @param args
     */
    public static void main(String[] args) {
        AddCustomer dm=new AddCustomer();
        dm.initial();
```

```
        dm.startMenu();
    }
}
```

拓展任务

使用无参方法设计一个计算器，要求从键盘输入两个操作数，实现这两个操作数的加、减、乘和除运算。

运行结果如图5-11和图5-12所示。

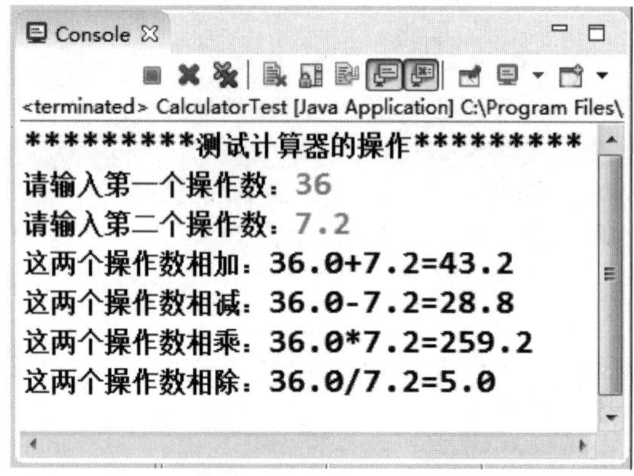

图 5-11　任意两个非零数

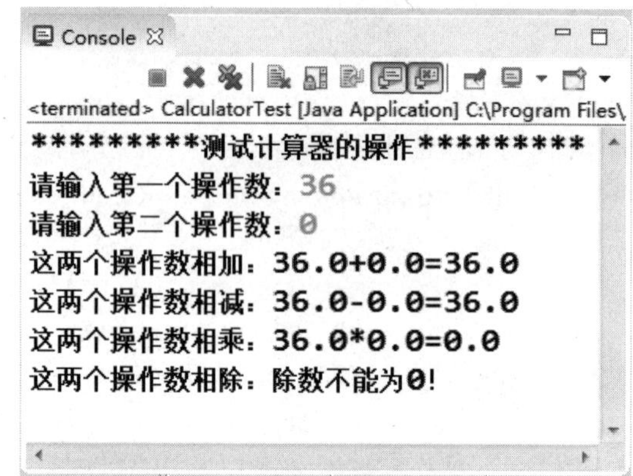

图 5-12　除数不能为零

实现步骤如下所示：

① 创建一个计算器类（Calculator），实现两个操作数的加、减、乘、除运算。代码如下所示：

```
/**
 * 定义计算器类
 * 使用无参方法实现两个操作数的加、减、乘、除运算
 */
public class Calculator {
    double op1;
    double op2;

    //加法运算
    public double Add() {
        return op1+op2;
    }

    //减法运算
    public double Sub() {
        return op1-op2;
    }
```

```
    //乘法运算
    public double Mul() {
        return op1*op2;
    }
    //除法运算
    public double Div() {
        return op1/op2;
    }
}
```

② 编写测试类，测试两个操作数的加、减、乘、除运算是否成功。实现代码如下所示：

```
/**
 * 设计一个计算器的测试类
 * 测试两个操作数的加、减、乘、除运算
 *
 */
import java.util.Scanner;
public class CalculatorTest {

    public static void main(String[] args) {
        Calculator Cal=new Calculator();
        Scanner input=new Scanner(System.in);
        System.out.println("*********测试计算器的操作*********");

        System.out.print("请输入第一个操作数：");
        Cal.op1=input.nextDouble();
        System.out.print("请输入第二个操作数：");
        Cal.op2=input.nextDouble();

        System.out.println("这两个操作数相加："+Cal.op1+"+"+Cal.op2+"="+Cal.Add());
        System.out.println("这两个操作数相减："+Cal.op1+"-"+Cal.op2+"="+Cal.Sub());
        System.out.println("这两个操作数相乘："+Cal.op1+"*"+Cal.op2+"="+Cal.Mul());
        System.out.print("这两个操作数相除：");

        if(Cal.op2==0) {
            System.out.println("除数不能为0！");
        }else {
            System.out.println(Cal.op1+"/"+Cal.op2+"="+Cal.Div());
        }
    }
}
```

任务 3 查询系统客户信息

视 频

查询客户信息

任务描述

"3X购物管理系统"的管理员，想在系统中按会员卡号或会员姓名查找某个客户，编程实现查询客户信息的功能。

操作步骤：

① 进入"3X购物管理系统"中的"管理员登录"模块下的"客户管理"功能模块，显示"客户管理"界面，选择2，进入"查询客户信息"界面，要求"请输入客户姓名"。如果存在，则查询成功，如图5-13所示。

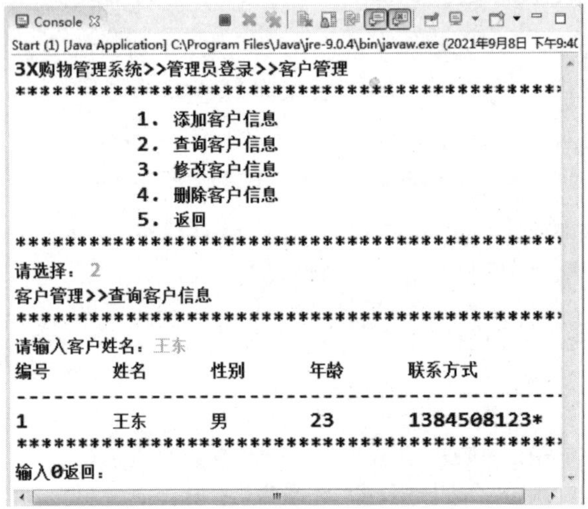

图 5-13　查询成功

如果输入"李红"，因为李红不是会员，所以查询失败，如图5-14所示。

```
Console
Start (1) [Java Application] C:\Program Files\Java\jre-9.0.4\bin\javaw.exe (2021年9月8日 下午9:4
3X购物管理系统>>管理员登录>>客户管理
**********************************************
                1. 添加客户信息
                2. 查询客户信息
                3. 修改客户信息
                4. 删除客户信息
                5. 返回
**********************************************
请选择：2
客户管理>>查询客户信息
**********************************************
请输入客户姓名：李红
查无此人!
输入0返回：
```

图 5-14　查询失败

知识链接

在前面学习无参方法时，简单介绍了带参方法的含义：就是在方法名后面的小括号()中带有参数列表的方法。

1. 定义带参方法

语法如下：

```
<访问修饰符> 返回值类型 <方法名>(<参数列表>){
    //方法的主体
}
```

说明：

① <访问修饰符>是指该方法允许被访问的权限范围，只能是public、protected或private。其中，public访问修饰符表示该方法可以被任何其他代码调用，其他访问修饰符后续会详细讲解。

② 返回值类型是指方法返回值的类型。如果方法不返回任何值，它应该声明为void类型。Java中，对返回值的要求很严格，方法返回值必须与定义方法的类型相匹配，使用return语句返回值。

③ <方法名>是定义方法的名字，它的命名采用骆驼式命名法。

④ <参数列表>是传送给方法的参数列表。列表中各参数间以逗号分隔。参数列表的格式如下：

```
数据类型  参数1,数据类型  参数2,…,数据类型  参数n
```

其中，$n \geqslant 0$。

如果n=0，代表没有参数，这时的方法就是前面学习过的无参方法。

【例5-3】使用方法，将输入的两个数进行四则运算并将结果返回，如图5-15和图5-16所示。

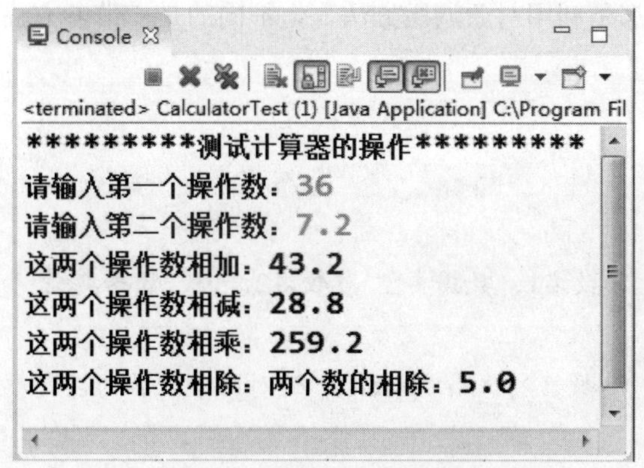

图5-15　任意两个非零数

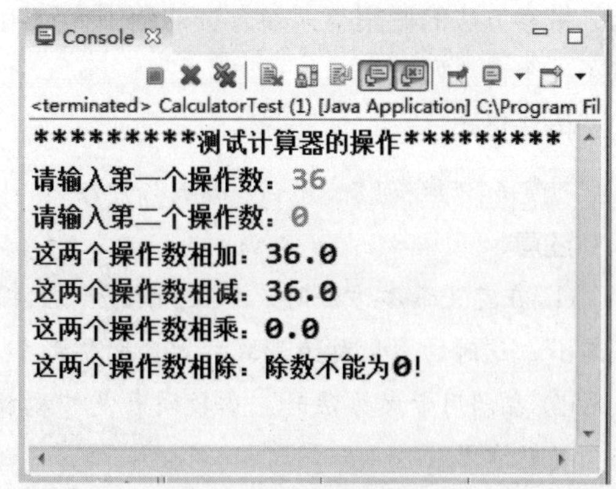

图5-16　除数不能为零

实现步骤：

① 创建一个类（Calculator），其功能是完成加、减、乘、除四则运算。实现代码如下所示：

```
/**
 * 定义计算器类
 * 使用带参方法实现两个操作数的加、减、乘、除运算的方法
```

```
 */
public class Calculator {
    //加法运算
    public double add(double op1,double op2) {
        return op1+op2;
    }

    //减法运算
    public double sub(double op1,double op2) {
        return op1-op2;
    }

    //乘法运算
    public double multi(double op1,double op2) {
        return op1*op2;
    }

    //除法运算
    public double div(double op1,double op2) {
        return op1/op2;
    }
}
```

2. 调用带参方法

带参方法的调用与无参方法的调用大致相同，都是利用对象调用方法。但不同的是，带参方法多了一个参数列表。

语法格式：

```
对象名.方法名(参数名1,参数名2,…,参数n);
```

注意：

① 在定义带参方法时，参数列表是“数据类型 参数名1，数据类型 参数名2，…，数据类型 参数名n”，这时的参数称为形式参数，简称形参。

② 在调用带参方法时，参数列表是“参数名1，参数名2，…，参数n”，这时的参数称为实际参数，简称实参。

③ 形参是定义方法时需要传入的参数个数和类型；实参是在调用方法时，传递给方法处理的实际值。

④ 调用方法时，一定要先实例化对象。

⑤ 实参在传递时，实参的类型、数量和顺序都要与形参保持一致，即一一对应。

【例5-4】编写一个测试类，其功能是输入两个非零数，进行四则运算。

实现代码如下所示：

```
/**
 * 设计一个计算器的测试类
 * 测试两个操作数的加、减、乘、除运算
 *
 */
import java.util.Scanner;
public class CalculatorTest {
    public static void main(String[] args) {
        Calculator Cal=new Calculator();
        Scanner input=new Scanner(System.in);
        System.out.println("*********测试计算器的操作*********");

        System.out.print("请输入第一个操作数：");
        double num1=input.nextDouble();
        System.out.print("请输入第二个操作数：");
        double num2=input.nextDouble();

        System.out.println("这两个操作数相加："+Cal.add(num1,num2));
        System.out.println("这两个操作数相减："+Cal.sub(num1,num2));
        System.out.println("这两个操作数相乘："+Cal.multi(num1,num2));

        System.out.print("这两个操作数相除：");
        if(num2==0) {
            System.out.println("除数不能为0！");
        }else {
            System.out.println("两个数的相除："+Cal.div(num1,num2));
        }
    }
}
```

在代码中，Cal.add(num1,num2)、Cal.sub(num1,num2)、Cal.multi(num1,num2)、Cal.div(num1,num2)都是调用带参的方法，(num1,num2)都是实参列表，传递给形参列表(op1, op2)，完成了加、减、乘、除功能。

任务实施

① 创建一个客户类（Customer），实现代码如下所示：

```
public class Customer {
    String[] username=new String[50];       //数组1存储客户的姓名
    String[] sex=new String[50];            //数组2存储客户的性别
    int[] age=new int[50];                  //数组3存储客户的年龄
    String[] tel=new String[50];            //数组4存储客户的电话号码
}
```

②创建一个类（FindCustomer），实现客户信息的查询功能，实现代码如下所示。

```
import java.util.*;
public class FindCustomer {
    /**
     * 创建客户对象
     */
    Customer customer=new Customer();
    Scanner input=new Scanner(System.in);
    /**
     * 初始化三个客户信息
     */
    public void initial() {

        customer.username[0]="王东";
        customer.sex[0]="男";
        customer.age[0]=23;
        customer.tel[0]="1384508123*";

        customer.username[1]="李杨";
        customer.sex[1]="女";
        customer.age[1]=21;
        customer.tel[1]="1383084587*";

        customer.username[2]="姚远";
        customer.sex[2]="女";
        customer.age[2]=27;
        customer.tel[2]="1886974367*";
    }
    /**
     * 开始菜单
     */
    public void startMenu(){
        System.out.println("3X购物管理系统>>管理员登录>>客户管理");
        System.out.println("******************************");
        System.out.println("\t  1. 添加客户信息");
        System.out.println("\t  2. 查询客户信息");
        System.out.println("\t  3. 修改客户信息");
        System.out.println("\t  4. 删除客户信息");
        System.out.println("\t  5. 返回 ");
        System.out.println("************************************");
        System.out.print("请选择：");
```

```
        int choice = input.nextInt();
        switch(choice){
            case 1:
                    System.out.println("客户管理>>添加客户信息");//add();
                    System.out.println("******************************");
                    returnMain();break;
            case 2:
                    System.out.println("客户管理>>查询客户信息");
                    System.out.println("*******************************");
                    System.out.print("请输入客户姓名：");
                    String name=input.next();
                    search(name);
                    break;
            case 3:
                    System.out.println("客户管理>>修改客户信息");
                    System.out.println("*********************************");
                    returnMain();
                    break;
            case 4:
                    System.out.println("客户管理>>删除客户信息");
                    System.out.println("******************************");
                    returnMain();
                    break;
            case 5:
                    System.out.println("返回上一次菜单");
                    System.out.println("3X购物管理系统>>管理员登录");
                    System.out.println("***************************");
                    break;
        }
    }
    /**
     * 返回主菜单
     */
    public void returnMain(){
        System.out.print("输入0返回：");
        if(input.nextInt()==0){
            startMenu();
        }else{
            System.out.println("输入错误，异常终止！");
        }
    }
```

```
    /**
     * 查询客户信息
     */
    public void search(String name){
        for(int i=0 ; i<customer.username.length; i++){
            if(customer.username[i]==null){
                System.out.println("查无此人! ");
                break;
            }
            if(customer.username[i].equals(name)){
                System.out.println("编号\t姓名\t性别\t年龄\t联系方式");
                System.out.println("------------------------------");
                System.out.println((i+1)+"\t"+customer.username[i]+"\t"+
                customer.sex[i]+"\t"+customer.age[i]+ "\t"+customer.tel[i]);
                System.out.println("******************************");
                break;
            }
        }
        returnMain();
    }
}
```

③ 编写测试类（Start），测试客户信息查询的功能是否成功，实现代码如下所示。

```
public class Start {
    /**
     * @param args
     */
    public static void main(String[] args) {
        AddCustomer dm=new AddCustomer();
        dm.initial();
        dm.startMenu();
    }
}
```

在代码中，“查询客户信息”使用了带参的方法：public void search(String name)。将实参查询的客户名“王东”传递给了形参name，完成了参数的传递，实现了查询客户信息的功能。

拓展任务

编程实现：从键盘输入三门功课的成绩，利用带参的方法求这三门功课的总分和平均分。

运行结果如图5-17所示。

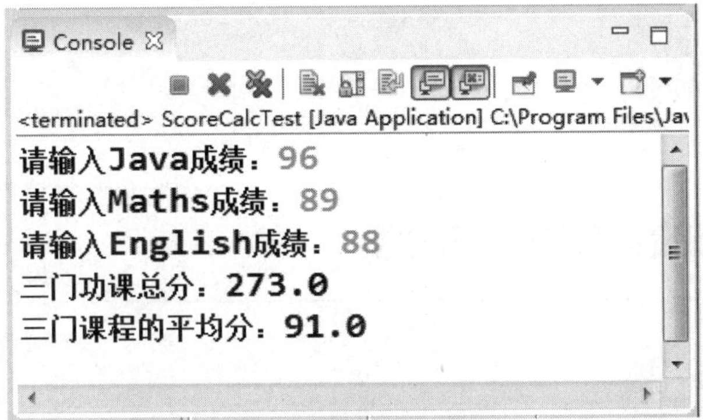

图 5-17　计算总分和平均分

实现步骤：

① 创建一个成绩类（ScoreCalc），实现总分的计算。代码如下所示：

```
public class ScoreCalc {
    //用带参的方法实现三门功课的总分
    public double Sum(double Java,double Maths,double English){
        double sum=Java+Maths+English;
        return sum;
    }
}
```

② 编写测试类（ScoreCalcTest），测试计算总分和平均分功能是否实现。代码如下所示：

```
/**
 * 使用参数传递
 * 实现三门功课的总分和平均分
 */
import java.util.Scanner;
public class ScoreCalcTest {

    public static void main(String[] args) {
        ScoreCalc st=new ScoreCalc();
        Scanner input=new Scanner(System.in);

        System.out.print("请输入Java成绩：");
        double Java=input.nextDouble();
        System.out.print("请输入Maths成绩：");
        double Maths=input.nextDouble();
        System.out.print("请输入English成绩：");
        double English=input.nextDouble();

        double sum=st.Sum(Java, Maths, English);
        System.out.println("三门功课总分："+sum);
```

```
        System.out.println("三门课程的平均分："+sum/3);
    }
}
```

任务 4 修改系统客户信息

视 频

修改客户信息

任务描述

"3X购物管理系统"的管理员想修改客户信息，编程实现修改客户信息的功能。运行结果如图5-18和图5-19所示。

```
Console
Start (2) [Java Application] C:\Program Files\Java\jre-9.0.4\bin\javaw.exe (2021年9月8日 下午9:48
3X购物管理系统>>管理员登录>>客户管理
*******************************************
            1. 添加客户信息
            2. 查询客户信息
            3. 修改客户信息
            4. 删除客户信息
            5. 返回
*******************************************
请选择：3
客户管理>>修改客户信息
*******************************************
请输入客户姓名：王东
编号      姓名      性别      年龄      联系方式
-------------------------------------------
1         王东      男        23        1384508123*
*******************************************
请修改客户信息：
姓名：王东
性别：男
年龄：21
联系方式：1391234666*
```

图 5-18　修改客户信息

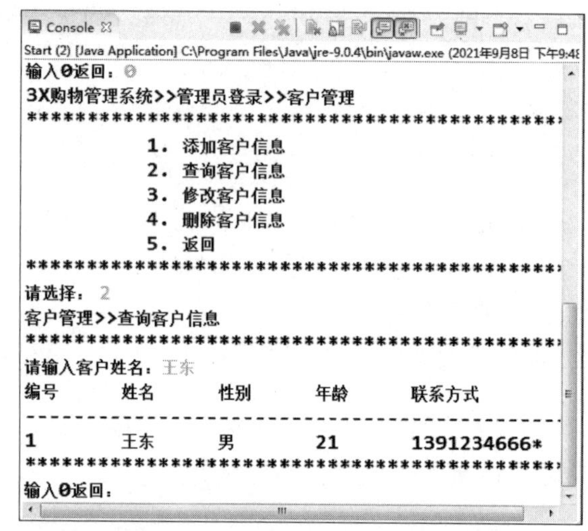

图 5-19　查询客户信息

知识链接

前面学习了带参方法的应用，参数列表使用的都是基本数据类型的参数。除了基本数据类型外，还可以使用数组和对象作为参数。下面详细讲解一下：使用数组作为参数的方法。

当将多个类型相同的数值型数据存储在数组中，并对其求和、求平均值、求最大值和最小值等操作时，可以分别创建求和、求平均值、求最大值和最小值的方法，并把数组作为参数进行传递。

【例5-5】有6名学生代表6个学校参加省级"Java现场编程"个人赛项，比赛结束后，统计各学校参赛选手成绩，要求输出6名参赛选手的总分、平均分和他们中的最高分，如图5-20所示。

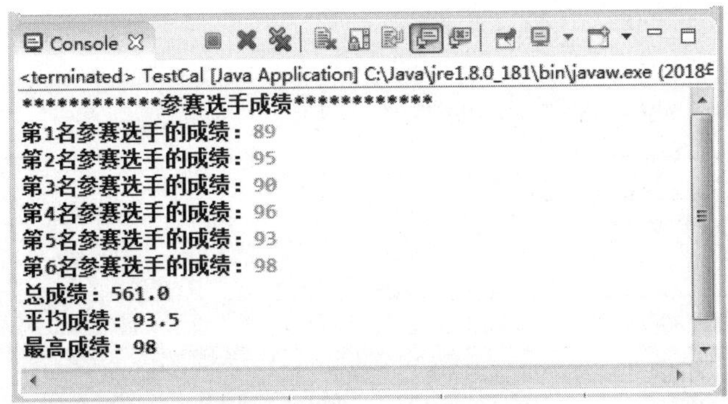

图 5-20　显示参赛选手成绩

实现步骤：

① 由题意分析，利用数组作为参数的方法解决问题时比较灵活。首先创建一个类（Student），用于实现求总成绩、平均分和最高分的带参方法。实现代码如下所示：

```
public class Student {
    /**
     * 求总分
     *
     */
    public double calSum(int[] scores){
        double sum=0.0;
        for(int i=0;i<scores.length;i++){
            sum+=scores[i];
        }
        return sum;
    }

    /**
     * 求平均分
     *
     */
    public double calAvg(int[] scores){
        double avg=0.0;
        avg=calSum(scores)/scores.length;
        return avg;
    }

    /**
     * 求最高分
     * @param scores 参赛成绩数组
     */
```

```
    public int calMax(int[] scores){
        int max=scores[0];
        for(int i=1;i<scores.length;i++){
            if(max<scores[i]){
                max=scores[i];
            }
        }
        return max;
    }
}
```

② 创建一个测试类（TestCal），声明一个数组（scores），从键盘循环输入数值给数组元素赋值，用于获取实参的值，并调用以数组作为参数的方法，将实参值传递给形参。实现代码如下所示：

```
/**
 * 调用带数组参数的方法
 */
import java.util.Scanner;
public class TestCal {
    public static void main(String[] args) {
        Student st=new Student();
        int[] scores=new int[6];

        @SuppressWarnings("resource")
        Scanner input=new Scanner(System.in);
        System.out.println("************参赛选手成绩************");
        for(int i=0;i<scores.length;i++){
            System.out.print("第"+(i+1)+"名参赛选手的成绩：");
            scores[i]=input.nextInt();
        }

        double sumScore=st.calSum(scores);
        System.out.println("总成绩："+sumScore);

        double avgScore=st.calAvg(scores);
        System.out.println("平均成绩："+avgScore);

        int maxScore=st.calMax(scores);
        System.out.println("最高成绩："+maxScore);
    }
}
```

① 创建一个类（Customer），用于存储客户的各类信息。如下所示：

```
public class Customer {
    String[] username=new String[50];        //存储客户的姓名
    String[] sex=new String[50];             //存储客户的性别
    int[] age=new int[50];                   //存储客户的年龄
    String[] tel=new String[50];             //存储客户的电话号码


}
```

② 创建一个类（ModifyCustomer），用于实现客户的初始化、查询和修改客户信息。如下所示：

```
import java.util.*;
public class ModifyCustomer {
    /**
     * 创建客户对象
     */
    Customer customer=new Customer();
    Scanner input=new Scanner(System.in);

    /**
     * 初始化三个客户信息
     */
    public void initial() {

        customer.username[0]="王东";
        customer.sex[0]="男";
        customer.age[0]=23;
        customer.tel[0]="1384508123*";

        customer.username[1]="李杨";
        customer.sex[1]="女";
        customer.age[1]=21;
        customer.tel[1]="1383084587*";

        customer.username[2]="姚远";
        customer.sex[2]="女";
        customer.age[2]=27;
        customer.tel[2]="1886974367*";
    }
```

```
    /**
     * 开始菜单
     */
    public void startMenu(){
        System.out.println("3X购物管理系统>>管理员登录>>客户管理");
        System.out.println("*******************************************");
        System.out.println("\t  1. 添加客户信息");
        System.out.println("\t  2. 查询客户信息");
        System.out.println("\t  3. 修改客户信息");
        System.out.println("\t  4. 删除客户信息");
        System.out.println("\t  5. 返回 ");
        System.out.println("*******************************************");
        System.out.print("请选择: ");
        int choice=input.nextInt();
        String name;
        switch(choice){
            case 1:
                System.out.println("客户管理>>添加客户信息");//add();
                System.out.println("******************************");
                returnMain();break;
            case 2:
                System.out.println("客户管理>>查询客户信息");
                System.out.println("**********************************");
                System.out.print("请输入客户姓名: ");
                name=input.next();
                search(name);
                break;
            case 3:
                System.out.println("客户管理>>修改客户信息");
                System.out.println("******************************");
                System.out.print("请输入客户姓名: ");
                name=input.next();
                Modify(name);
                break;
            case 4:
                System.out.println("客户管理>>删除客户信息");
                System.out.println("******************************");
                returnMain();
                break;
            case 5:
                System.out.println("返回上一次菜单");
```

```
                System.out.println("3X购物管理系统>>管理员登录");
                System.out.println("**********************************");
                break;
        }
    }

    /**
     * 返回主菜单
     */
    public void returnMain(){
        System.out.print("输入0返回：");
        if(input.nextInt()==0){
            startMenu();
        }else{
            System.out.println("输入错误，异常终止！");
        }
    }

    /**
     * 查询客户信息
     */
    public void search(String name){
        for(int i=0 ; i<customer.username.length; i++){
            if(customer.username[i]==null){
                System.out.println("查无此人！");
                break;
            }
            if(customer.username[i].equals(name)){
                System.out.println("编号\t姓名\t性别\t年龄\t联系方式");
                System.out.println("------------------------------------");
                System.out.println((i+1)+"\t"+customer.username[i]+"\t"+
customer.sex[i]+"\t"+customer.age[i]+ "\t" +customer.tel[i]);
                System.out.println("************************************");
                break;
            }
        }
        returnMain();
    }

    /**
     * 修改客户信息
```

```
     */
    public void Modify(String name){
        for(int i=0 ; i<customer.username.length; i++){
            if(customer.username[i]==null){
                    System.out.println("查无此人！");
                    break;
            }
            if(customer.username[i].equals(name)){
                    System.out.println("编号\t姓名\t性别\t年龄\t联系方式");
                    System.out.println("------------------------------------");
                    System.out.println((i+1)+"\t"+customer.username[i]+"\t"+
customer.sex[i]+"\t"+customer.age[i]+ "\t" +customer.tel[i]);
                    System.out.println("************************************");
                    System.out.println("请修改客户信息：");
                    System.out.print("姓名：");
                    customer.username[i]=input.next();
                    System.out.print("性别：");
                    customer.sex[i]=input.next();
                    System.out.print("年龄：");
                    customer.age[i]=input.nextInt();
                    System.out.print("联系方式：");
                    customer.tel[i]=input.next();
                    break;
            }
        }
        returnMain();
    }
}
```

③ 编写一个测试类（Start），用于测试修改客户信息的功能是否实现。如下所示：

```
public class Start {
    /**
     * 测试类
     */
    public static void main(String[] args) {
        ModifyCustomer dm=new ModifyCustomer();
        dm.initial();
        dm.startMenu();
    }
}
```

拓展任务

在"3X购物管理系统"中，利用数组作为方法的参数，实现按会员姓名对会员进行排序。

运行结果如图5-21所示。

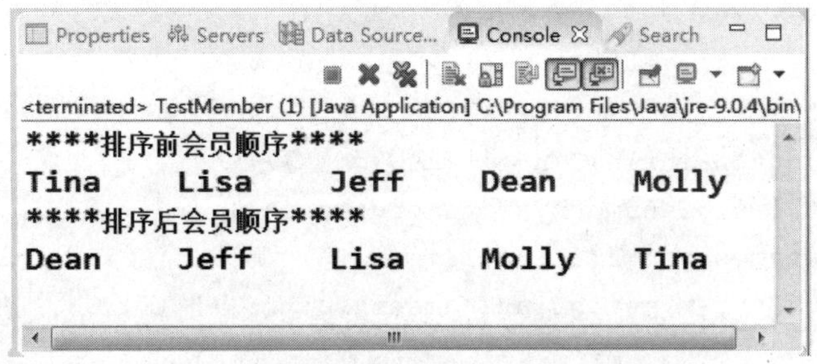

图 5-21　实现按会员姓名对会员进行排序

实现步骤如下：

① 创建一个会员类（Member），声明一个利用数组作为参数的方法。实现代码如下所示：

```
/**
 * 实现会员信息的管理
 * 利用数组作为方法的参数
 *
 */
import java.util.*;
import java.util.Arrays;
public class Member {
    public void sortNames(String[] names) {
        //字符串数组作为参数和返回值
        Arrays.sort(names);
    }
}
```

② 编写一个测试类（TestMember），用于实现会员姓名的排序。实现代码如下所示：

```
/**
 * 利用数组作为方法的参数
 *
 */
public class TestMember{
    public static void main(String[] args) {
        Member st = new Member();
        String[] namesbysort=new String[] { "Tina", "Lisa", "Jeff", "Dean",
"Molly" };
        System.out.println("****排序前会员顺序****");
        for(int i=0; i<namesbysort.length; i++) {
```

```
            if(namesbysort[i]!=null) {
                System.out.print(namesbysort[i]+"\t");
            }
        }
        //调用排序方法

        st.sortNames(namesbysort);
        System.out.println("\n****排序后会员顺序****");
        for(int i=0; i<namesbysort.length; i++) {
            if(namesbysort[i]!=null) {
                System.out.print(namesbysort[i]+"\t");
            }
        }
    }
}
```

任务 5 删除系统客户信息

任务描述

“3X购物管理系统”的管理员想清理一下客户信息，编程实现删除客户信息的功能。运行结果如图5-22所示。

```
Console
<terminated> TestDelCustomer [Java Application] C:\Program Files\Java\jre-9.0.4\bin\javaw.exe
客户删除前：
客户信息如下：
编号        姓名        性别        年龄        联系方式
-------------------------------------------------------
 1          王东        男          23         1391234567*
 2          李杨        女          21         1383084587*
 3          姚远        女          27         1886974367*

请输入要删除的客户编号：2
            李杨被删除

删除客户信息后：
客户信息如下：
编号        姓名        性别        年龄        联系方式
-------------------------------------------------------
 1          王东        男          23         1391234567*
 3          姚远        女          27         1886974367*
```

图 5-22 删除客户信息的功能

视 频

删除客户信息

前面学习了带参方法的传递，传递多个不同类型的参数时，需要增加多个参数，这样设计会有一些问题，想传递的信息较多时，方法中的参数也较多。显然，这不是最好的解决方案。在面向对象思想中可以把所有新增的信息封装到一个类中，只需要在方法中传递一个对象即可包含所有信息，这就是对象作为参数的方法。下面通过一个案例，进一步讲解。

【例5-6】在项目三中，添加过商品信息。现在使用对象作为参数的方法实现添加商品信息的功能，如图5-23所示。

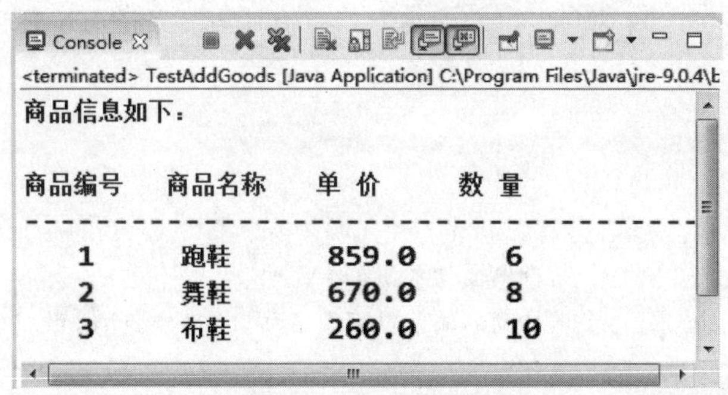

图 5-23　添加商品信息

实现步骤：

① 创建一个商品类（Goods），包括商品的属性（商品编号、商号名称、商品价格、商品数量）和商品信息的显示方法（showInfo()）。实现代码如下所示：

```
public class Goods {
    public int id;              //商品编号
    public String name;         //商品名称
    public double price;        //商品价格
    public int num;             //商品数量

    public void showInfo() {
        System.out.println("    "+id+"\t  "+name+"\t "+price+"\t   "+num);
    }
}
```

② 创建一个商品管理类（GoodsBiz），实现添加商品信息（addGoods(Goods gds)）和显示商品信息的（showGoods()）功能。实现代码如下所示：

```
public class GoodsBiz {
    Goods[] goods=new Goods[30];

    /**
     * 添加商品
     *
```

```
     */
    public void addGoods(Goods gds) {
        for(int i=0;i<goods.length;i++) {
            if(goods[i]==null) {
                goods[i]=gds;
                break;
            }
        }
    }

    /**
     * 显示商品信息
     *
     */
    public void showGoods(){
        System.out.println("商品信息如下：\n");
        System.out.println("商品编号\t商品名称\t 单  价\t 数  量");
        System.out.println("----------------------------------------");
        for(int i=0;i<goods.length;i++){
            if(goods[i]!=null){
                goods[i].showInfo();
            }
        }
        System.out.println();
    }
}
```

③ 创建一个测试类（TestAddGoods），调用上面的方法，实现商品信息的添加功能。实现代码如下所示：

```
public class TestAddGoods {

    public static void main(String[] args) {
        //实例化商品对象
        Goods goods1=new Goods();
        goods1.id=1;
        goods1.name="跑鞋";
        goods1.price=859;
        goods1.num=6;

        Goods goods2=new Goods();
        goods2.id=2;
        goods2.name="舞鞋";
        goods2.price=670;
```

```
        goods2.num=8;

        Goods goods3=new Goods();
        goods3.id=3;
        goods3.name="布鞋";
        goods3.price=260;
        goods3.num=10;

        //添加商品对象
        GoodsBiz goodsBiz=new GoodsBiz();
        goodsBiz.addGoods(goods1);
        goodsBiz.addGoods(goods2);
        goodsBiz.addGoods(goods3);
        goodsBiz.showGoods();            //显示商品信息
    }
}
```

通过该案例可以看到，方法addGoods(Goods gds)带有一个Goods类型的参数gds，调用时将传递一个商品对象。

注意：这里虽然传递的是对象，但是对象的属性在传递时，也要保证实参传递给形参时的类型相同、个数相同、顺序相同和一一对应。

任务实施

① 创建一个类（Customer），包含客户的属性（客户编号、客户名字、客户性别、客户年龄、客户的电话号码）和显示方法（showInfo()）。实现代码如下所示：

```
public class Customer {
    public int id;                      //客户编号
    public String username;             //客户名字
    public String sex;                  //客户性别
    public int age;                     //客户年龄
    public String tel;                  //客户的电话号码

    public void showInfo() {
        System.out.println(" "+id+"\t"+username+"\t  "+sex+"\t "+age+"\t"+tel);
    }
}
```

② 创建一个客户管理类（CustomerBiz），包含添加客户信息的方法（AddCustomer(Customer cust)）、删除客户信息的方法（DelCustomer(Customer cust)）和显示客户信息的方法（showCustomer()）。实现代码如下所示：

```
import java.util.Scanner;
```

```
public class CustomerBiz {
    Customer[] customer=new Customer[30];
    Scanner input=new Scanner(System.in);

    /**
     * 添加客户信息
     *
     */
    public void AddCustomer(Customer cust) {
        for(int i=0;i<customer.length;i++) {
            if(customer[i]==null) {
                customer[i]=cust;
                break;
            }
        }
    }

    /**
     * 删除客户信息
     *
     */
    public void DelCustomer(Customer cust) {
        for(int i=0;i<customer.length;i++) {
            if(customer[i]==cust) {
                customer[i]=null;
                break;
            }
        }
    }

    /**
     * 显示商品信息
     *
     */
    public void showCustomer(){
        System.out.println("客户信息如下：\n");
        System.out.println("编号\t姓名\t性别\t年龄\t联系方式");
        System.out.println("----------------------------------------");
        for(int i =0;i<customer.length;i++){
            if(customer[i]!=null){
                customer[i].showInfo();
            }
```

```
        }
        System.out.println();
    }
}
```

③ 创建一个测试类（TestCustomer），调用上面的方法，实现客户信息的添加和删除功能。实现代码如下所示：

```
import java.util.Scanner;
public class TestCustomer {
    public static void main(String[] args) {
        // TODO Auto-generated method stub
        Customer cust1=new Customer();
        Scanner input=new Scanner(System.in);
        cust1.id=1;
        cust1.username="王东";
        cust1.sex="男";
        cust1.age=23;
        cust1.tel="13912345*";

        Customer cust2=new Customer();
        cust2.id=2;
        cust2.username="李杨";
        cust2.sex="女";
        cust2.age=21;
        cust2.tel="1383084587*";

        Customer cust3=new Customer();
        cust3.id=3;
        cust3.username="姚远";
        cust3.sex="女";
        cust3.age=27;
        cust3.tel="1886974367*";

        CustomerBiz custBiz=new CustomerBiz();
        custBiz.AddCustomer(cust1);
        custBiz.AddCustomer(cust2);
        custBiz.AddCustomer(cust3);
        System.out.println("客户删除前：");
        custBiz.showCustomer();

        System.out.print("请输入要删除的客户编号：");
        int id=input.nextInt();
        switch(id) {
```

```
            case 1:
                custBiz.DelCustomer(cust1);
                System.out.println("\t"+cust1.username+"被删除\n");
                System.out.println("删除客户信息后：");
                custBiz.showCustomer();
                break;
            case 2:
                custBiz.DelCustomer(cust2);
                System.out.println("\t"+cust2.username+"被删除\n");
                System.out.println("删除客户信息后：");
                custBiz.showCustomer();
                break;
            case 3:
                custBiz.DelCustomer(cust3);
                System.out.println("\t"+cust3.username+"被删除\n");
                System.out.println("删除客户信息后：");
                custBiz.showCustomer();
                break;
            default:
                System.out.println("输入有误，请重新输入！");
        }
    }
}
```

通过删除客户信息功能的实现，体会“对象作为参数”的方法在传递参数时解决了不同类型参数进行传递的麻烦，应用起来更方便。

拓展任务

在“3X购物管理系统”中，利用对象作为方法的参数，进行会员信息的添加和显示。

运行结果如图5-24所示。

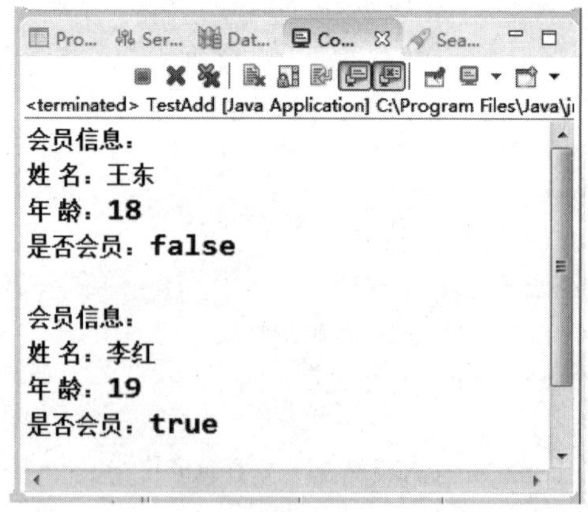

图 5-24　利用对象作为参数添加和显示会员信息

实现步骤如下：

① 创建一个会员类（Member），包含会员姓名（name）、年龄（age）、是否会员（isMember）三个属性，并声明一个显示会员信息的方法。实现代码如下所示：

```
/**
 * 创建一个会员类
 *
 */
class Member {
    public String name;                //姓名
    public int age;                    //年龄
    public boolean isMember;           //是否会员
    public void showInfo() {
         System.out.println("姓  名: "+name+"\n"+"年  龄: "+age+"\n"+"是否会员: "+
isMember+"\n");
    }
}
```

② 编写一个会员信息管理类（MemberBiz），利用对象作为方法的参数增加会员和显示会员信息。

```
/**
 * 实现会员信息的管理
 *
 */
class MemberBiz {
    Member[] members=new Member[30]; // 会员数组
    /**
     * 利用对象作为方法的参数
     * 增加会员
     */
    public void addMember(Member member) {
        for (int i=0; i<members.length; i++) {
            if(members[i]==null) {
                members[i]=member;
                break;
            }
        }
    }

    /**
     * 显示会员信息
     *
     */
    public void showMembers() {
```

```
        for(int i=0; i<members.length; i++) {
            if(members[i]!=null) {
                System.out.println("会员信息：");
                members[i].showInfo();
            }
        }
        System.out.println();
    }
}
```

③ 编写一个测试类（TestAddMember），用于会员信息的添加和显示。实现代码如下所示：

```
/**
 * 调用带参方法
 */
import java.util.Scanner;
public class TestAddMember{
    public static void main(String[] args) {
        // 实例化会员对象
        Member member1=new Member();
        member1.name="王东";
        member1.age=18;
        member1.isMember=false;
        Member member2=new Member();
        member2.name="李红";
        member2.age=19;
        member2.isMember=true;

        // 新增会员对象
        MemberBiz membersBiz=new MemberBiz();
        membersBiz.addMember(member1);
        membersBiz.addMember(member2);
        membersBiz.showMembers();           // 显示会员信息
    }
}
```

项目总结

本项目学习了面向对象的编程思想，并且掌握了对象和类的定义；知道了类与对象之间的关系；掌握了无参方法和带参方法的调用；学会了用数组和对象作为参数的带参方法的使用。详细知识点包括：

- 对象是用来描述客观事物的一个实体，由一组属性和方法构成。
- 类定义了对象将会拥有的特征（属性）和行为（方法）。
- 类和对象的关系是抽象和具体的关系。类是对象的类型，对象是类的实例。
- 对象的属性和方法被共同封装在类中，相辅相成，不可分割。
- 面向对象程序设计的特点如下：
  - 与人类的思维习惯一致。
  - 隐藏信息，提高了程序的可维护性和安全性。
  - 提高了程序的可重用性。
- 实用类的步骤如下：
  - 定义类：使用关键字class。
  - 创建类的对象：使用关键字new 。
  - 实用类的属性和方法：使用“.”操作符。
- 定义类的方法必须包括以下3个部分：
  - 方法的名称。
  - 方法返回值的类型。
  - 方法的主体。
- 类的方法调用，使用如下两种形式：
  - 同一个类中的方法，直接使用方法名调用该方法。
  - 不同类的方法，首先创建对象，他们的作用域各不相同。
- 在Java中，有成员变量和局部变量，它们的作用域各不相同。
- 关于带参方法的学习，掌握了带参方法定义的一般形式。如下所示：

```
<访问修饰符> 返回类型<方法名>(<参数列表>){
    //方法的主体
}
```

- 调用带参方法与调用无参方法的语法是相同的，但是在调用带参方法时必须传入实际参数的值。
- 形参是在定义方法时对参数的称呼，实参是在调用方法时传递给方法的实际值。

项目实训

实训一：有这样一类数字，它们顺着看和倒着看是相同的数，例如121、525、2332等，这样的数字称为回文数字，创建一个类，编写一个函数判断某数字是否为回文数字。

需要完成方法：

public boolean isPalindrome(String strln);

【输入】strln：整数，以字符串表示。

【返回】true：是回文数字。

　　　　false：不是回文数字。

【注意】

① 只需要完成该函数功能算法，中间不需要任何IO的输入/输出；

② 偶数个的数字也有回文数如124421；

③ 小数没有回文数；

④ 负数没有回文数。

运行结果如图5-25和图5-26所示。

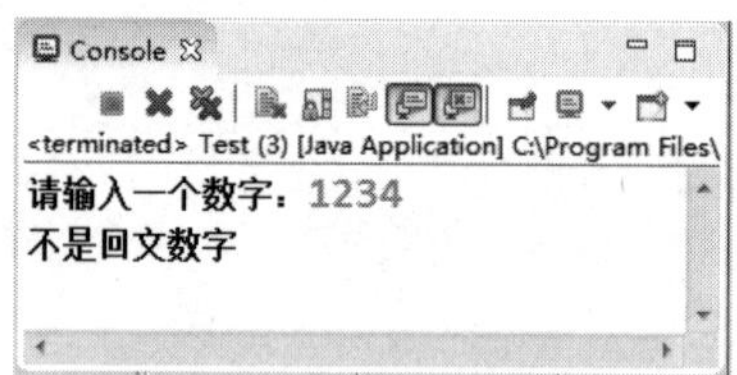

图 5-25　1234 不是回文

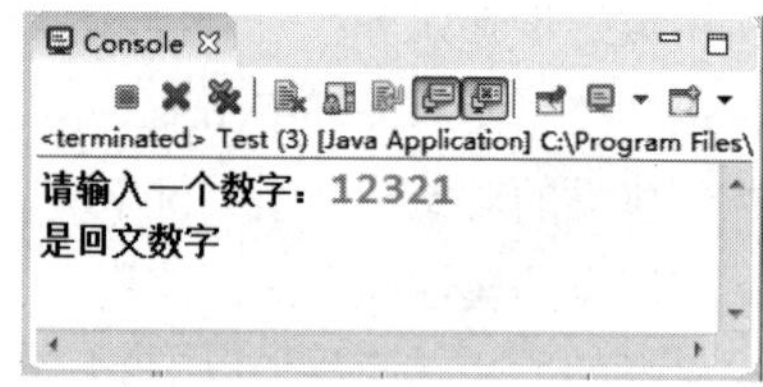

图 5-26　12321 是回文

实训二：设计一个学生Student类。包含类的私有属性："姓名"（Name）、"学号"（Number）、"班级"（Class）、"性别"（Sex）、"年龄"（Age）、"性格"（Character），类方法："获取姓名""获取学号""获得性别""获得姓名""获得年龄""获取性格"方法。另加，public String toString()方法把Student类对象的所有属性信息组合成一个字符串。创建一个测试类StudentTest类，包含main()方法，在main()方法中，实例化Student对象，通过输入打印的方式，为Student对象设置属性值，并通过toString()方法将学生信息打印输出在控制台。

运行结果如图5-27所示。

```
Console
<terminated> StudentTest [Java Application] C:\Program Files\Java\jre-9.0.4\bin\javaw.exe (2021年9月3日 上午10:18:01)
请输入学生姓名：新歌
请输入学生学号：116
请输入学生班级：北大
请输入学生性别：男
请输入学生年龄：23
请输入学生性格：质朴
Student{Name='新歌', Number='116', Class='北大', Sex='男', Age=23, Character='质朴'}
```

图 5-27　学生信息

实训三：设计一个词典类Dic，每个单词包括英文单词及对应的中文含义，并有一个英汉翻译成员函数，通过查词典的方式将一段英语翻译成对应的汉语。

思路：

字典项类DicItem包括：EngLish（英语单词）、Chinese（对应中文含义）数据成员。字典类包括：一个字典项类的列表，包含Add()（添加单词）和trans（英汉翻译）成员函数。

运行结果如图5-28所示。

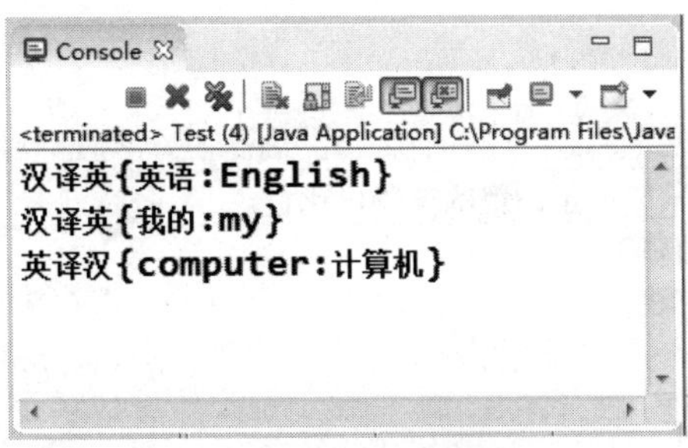

图 5-28　词典展示

实训四：定义一个交通工具（Vehicle）类，其中有属性：速度（speed）、体积（size）等。方法包括：移动（move(int s)）、设置速度（setSpeed(int speed)）、加速speedUp()、减速speedDown()等。最后，在测试类Vehicle的main()中实例化一个交通工具对象，并通过方法初始化speed、size的值，并打印出来。另外，调用加速、减速的方法对速度进行改变。调用move()方法输出移动距离。运行结果如图5-29所示。

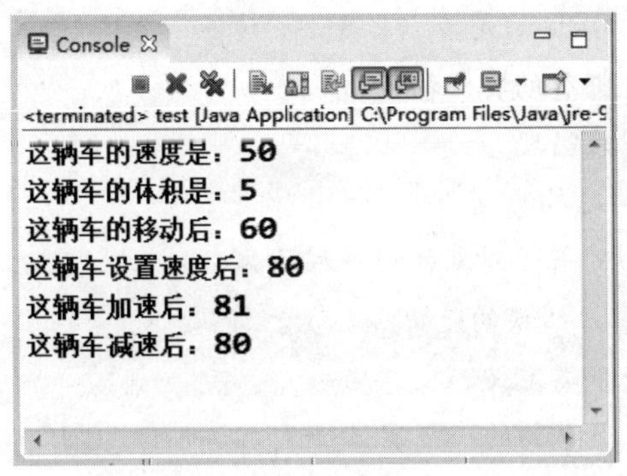

图 5-29　交通工具展示

课后拓展

定义一个Hero类，属性有power、name，分别代表体力值和英雄的名子，体力值默认为100；方法有：

① void go(); 行走的方法，如果体力值为0，则输出不能行走，此英雄已死亡的信息；

② void eat(int n); 吃的方法，参数是补充的血量，将 n的值加到属性power中，power的最大值为100；

③ void hurt(); 每受到一次伤害，体力值-10，体力值最小不能小于0。

编写测试类测试以上代码。

运行结果如图5-30所示。

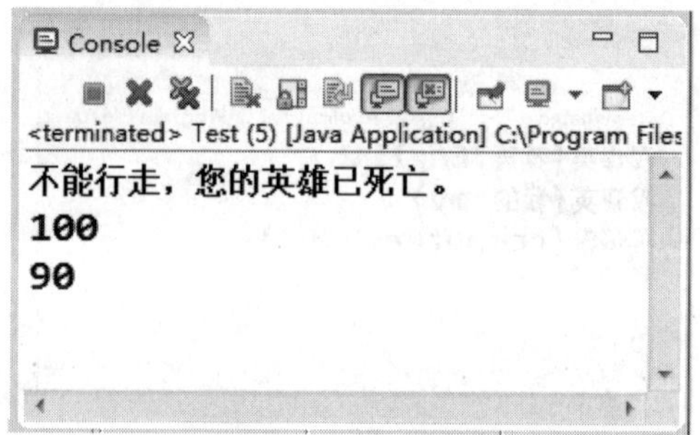

图 5-30　英雄展示

课后习题

一、单选题

1. 下列关于类的描述中，错误的是（　　）。

   A. 类定义了对象将会拥有的特征和行为

   B. 类是抽象数据类型的实现

   C. 类就是 C 语言中的结构类型

   D. 类是具有共同行为的若干对象的统一描述体

2. 下列关于对象的描述中，错误的是（　　）。

   A. 多个对象可用同一个类定义

   B. 对象是用来描述客观事物的一个实体

   C. 对象的属性和方法被共同封装在类中

   D. 对象的属性值只能在属性窗口中设置

3. 以下有关 Java 中类和对象的说法，错误的是（　　）。

   A. 对象是具有属性和行为的实体

   B. 同一个类的所有对象都拥有相同的特征和行为

   C. 类规定了对象拥有的特征和行为

   D. 类和对象一样，只是说法不同

4. 如果类的成员被（　　）访问控制符来修饰，则这个成员只能被该类的其他成员访问，其他类无法直接访问。

   A. protected　　B. void　　C. private　　D. public

5. 方法的调用（　　）。

   A. 必须是一条完整的语句

   B. 只能是一个表达式

   C. 可能是语句，也可能是表达式

   D. 必须提供实际参数

6. 下列关于形参和实参的说法，错误的是（　　）。

A. 形参只在函数内部有效

B. 形参是在定义方法时对参数的称呼

C. 实参可以是常量、变量、表达式、函数等

D. 实参和形参在数量上，类型上、顺序上不需要一致，类型也能匹配成功

7. 不允许作为类以及类成员的访问控制符是（　　）。

A. public　　B. private　　C. static　　D. protected

8. 为AB类的一个无形式参数无返回值的方法method书写方法头使得使用类名AB作为前缀就可以调用它，该方法头的形式是（　　）。

A. static void method( )　　B. public void method( )

C. final void method( )　　D. abstract void method( )

9. 在Java中，不能在其他对象中被直接创建使用的方法是（　　）。

A. public void aMethod( );　　B. final void aMethod( );

C. void aMethod (){ }　　D. private void aMethod( );

10. 给定Java代码，如下：

```
public class Test{
    static int i;
    public int aMethod(){
        i++;
        return i;
    }
    public static void main(String [] args){
        Test test=new Test();
        test.aMethod();
        System.out.println(test.aMethod());
    }
}
```

编译运行后，输出结果是（　　）。

A. 0　　B. 1　　C. 2　　D. 3

11. 给定Java代码如下，编译运行后，输出结果是（　　）。

```
public static void main (String [] args){
    String s;
    System.out.println("s="+s);
}
```

A. 编译错误　　B. 编译通过，但出现运行时错误

C. 正常运行，输出s=null　　D. 正常运行，输出s=

12. 下面Java代码的运行结果是（　　）。

```
class Penguin {

    private String name=null;                     // 名字
    private int health=0;                         // 健康值
    private String sex=null;                      // 性别

    public void Penguin() {
        health=10;
        sex="雄";
        System.out.println("执行构造方法。");
    }

    public void print() {
        System.out.println("企鹅的名字是"+name+", 健康值是"+health+", 性别是"+sex+"。");
    }

    public static void main(String[] args) {
        Penguin pgn=new Penguin();
        pgn.print();
    }
}
```

A. 企鹅的名字是 null，健康值是 10，性别是雄

B. 执行构造方法。企鹅的名字是 null，健康值是 0，性别是 null

C. 企鹅的名字是 null，健康值是 0，性别是 null

D. 执行构造方法。企鹅的名字是 null，健康值是 10，性别是雄

二、多选题

1. 下列关于方法重载的说法中，正确的是（　　）。

   A. 形式参数的个数不同

   B. 形式参数的个数不同，数据类型不同

   C. 形式参数的个数相同，数据类型不同

   D. 形式参数的个数相同，数据类型顺序不同

2. 实用类的步骤（　　）。

   A. 定义类：使用关键字 class

   B. 创建类的对象：使用关键字 new

   C. 实用类的属性和方法：使用“.”操作符

   D. 进行封装打印

3. 定义类的方法必须包括以下 3 个部分（　　）。

   A. 方法的名称　　B. 方法返回值的类型

   C. 方法的调用　　D. 方法的主体

4. 下列选项中，可以用 static 关键字修饰的是（　　）。

A. 变量　　B. 方法　　C. 代码块　　D. 类

5. 类的方法调用形式有（　　）。

A. 同一个类中的方法，直接使用方法名调用该方法

B. 不同类的方法，首先创建对象，他们的作用域各不相同

C. 同一个类中的方法，创造对象，再进行调用

D. 不同类中，直接使用方法名调用该方法

三、编程题

1. 创建一个三角形类，在三角形类中创建一个方法求周长，如果成功就输出三条边的长度和周长，如果不成立就提示无法组成，并创建测试类测试它。

2. 创建一个类，要求：在此类中创建一个方法，在控制台输入两个数，使其可以获取两个正整数的最大公约数、最小公倍数，并创建 test 类测试它。

3. 定义一个汽车类（Car），属性有颜色、品牌、车牌号、价格，并实例化两个对象，给属性赋值，并输入属性值。

4. 编写 Java 程序，模拟简单的计算器。定义名为 Number 的类，其中有两个整型数据成员 n1 和 n2，应声明为私有，编写构造方法，赋予 n1 和 n2 初始值，再为该类定义加（addition）、减（subtraction）、乘（multiplication）、除（division）等公有成员方法，并对两个成员变量执行加减乘除运算，在 main 方法中创建 Number 类的对象，调用各个方法，并显示计算结果。

项目6 综合任务

项目描述

本部分是选学内容，主要是通过复杂的任务，运用所学知识点进一步强化操作，提高学习者解决实际问题的能力。其主要包含以下任务：

- 任务1　注册信息的有效性验证；
- 任务2　条件判断法进行商品换购；
- 任务3　统计打折商品数量；
- 任务4　会员积分回馈；
- 任务5　添加会员信息并显示；
- 任务6　使用带参方法删除商品信息；
- 任务7　随机数法模拟幸运抽奖。

“细致严谨”的精神

细致严谨，就是对一切事情都有认真、负责的态度，一丝不苟、精益求精，于细微之处见精神，于细微之处见境界，于细微之处见水平。例如：

龙乐豪是运载火箭与航天工程技术专家，有中国金牌火箭之称的长三甲系列火箭总设计师。1984年4月8日，长征三号火箭成功将我国“东方红二号”试验通信广播卫星送入预定轨道。这是我国第一颗静止轨道同步通信卫星，中国人从此告别了只能租用外国卫星看电视、听广播的历史。这标志着中国成为世界上第三个掌握先进低温火箭技术的国家。由他提出的我国第一枚洲际导弹末速调节方案，至今仍在沿用，为提高导弹命中精度与长征火箭入轨精度奠定了良好的基础。首任长征三号火箭总体主任设计师时，负责三级自生增压系统等开创性课题研究设计，落实三级动力系统试车“缩火故障”和首次飞行中二次启动故障纠正措施，取得良好效果。他用一发低温推进剂火箭连续三次加注、两次泄出、六次点火试车，在我国火箭研制史上属于首创，这不仅为火箭研制缩短了一年左右的时间，还为国家节约了数千万科研经费。他为此呕心沥血，殚精竭虑。他担任长三甲系列火箭总设计师兼总指挥，全面主持研制工作，成功研制出新技术多、难度大、具有世界一流水平的大型火箭群体，对实现我国新一代应用卫星发展战略目标，扩大航天的对外交流合作，必将产生深远和重大的影响。

学习目标

知识目标

通过综合任务的学习，巩固Java理论知识，并且可以实现以下任务：

- 实现用户注册功能；
- 实现完成商品新增、删除、查看功能；
- 实现完成会员新增、删除、查看功能；
- 实现完成购物后商品价格折扣计算；
- 实现完成购物后按消费金额、会员积分换购；
- 实现完成模拟幸运用户抽奖。

能力目标

- 熟练掌握理论知识点的应用；
- 能够掌握项目功能的分析能力；
- 能够按要求完成功能代码的编写。

素质目标

- 培养学习者对信息加工、总结、归纳等的能力；
- 培养学习者良好的团队合作能力和抗压能力；
- 培养学习者正确的编码规范能力；
- 培养学习者守时、求是、求知的职业道德；
- 树立学习者劳动最光荣、劳动最崇高、劳动最伟大、劳动最美丽的价值观念；培养学习者勤俭、奋斗、创新、奉献的劳动精神。

任务1 注册信息的有效性验证

任务描述

实现“3X购物管理系统”的用户注册信息有效性验证功能。

要求：

① 验证用户名长度不小于4;

② 验证密码长度不小于6;

③ 验证注册时两次输入密码一致。

运行结果，如图6-1所示。

视频

实现注册信息的有效性验证

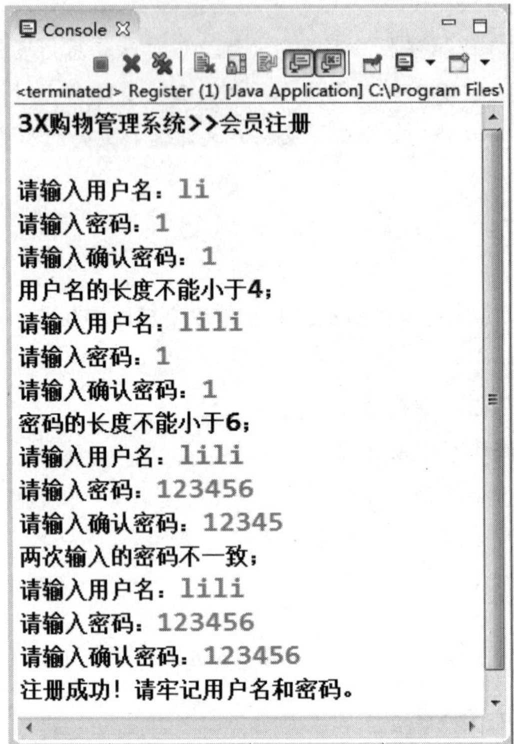

图 6-1　用户注册信息有效性验证

知识链接

在创建的类中创建两个方法，分别是主方法和验证方法，验证方法通过方法的参数将用户录入的用户名、密码、确认密码掺入方法中，进行用户录入项的验证。并且录入后程序接收的是字符串类型的数据，因此需要通过调用字符串的方法帮助后台判断用户注册信息。因为需要判断长度和两个字符串是否相等，因此需要使用length方法和equals方法。

任务实施

① 在项目下创建Register类。在类中定义验证方法validata，该方法中对需要验证的用户输入项进行验证。通过调用字符串类的length()方法对输入的用户名长度、输入密码的长度进行验证，调用equals()方法验证两次输入的密码是否一致。参考代码如下所示：

```
public class Register {
    public boolean validata(String username,String pwd,String pwd1){
        if(username.length()<4){
            System.out.println("用户名的长度不能小于4; ");
            return true;
        }
        if(pwd.length()<6){
```

```
            System.out.println("密码的长度不能小于6; ");
            return true;
        }
        if(!pwd.equals(pwd1)){
            System.out.println("两次输入的密码不一致; ");
            return true;
        }
        return false;
    }
}
```

② 在Register类中增加main方法，编写用户录入信息。参考代码如下所示：

```
public static void main(String[] args) {
    System.out.println("3X购物管理系统>>会员注册\n");
    Register reg=new Register();
    String username="";
    String pwd="";
    String pwd1="";
    do
    {
        Scanner in=new Scanner(System.in);
        System.out.print("请输入用户名: ");
        username=in.next();
        System.out.print("请输入密码: ");
        pwd=in.next();
        System.out.print("请输入确认密码: ");
        pwd1=in.next();
    }while(reg.validata(username, pwd, pwd1));
    System.out.println("注册成功! 请牢记用户名和密码。");
}
```

拓展任务

在验证用户名和密码的基础上，增加用户注册信息并进行验证。

① 增加年龄信息（验证10-80岁之间）。

② 增加性别信息（验证男或女）。

运行结果如图6-2所示。

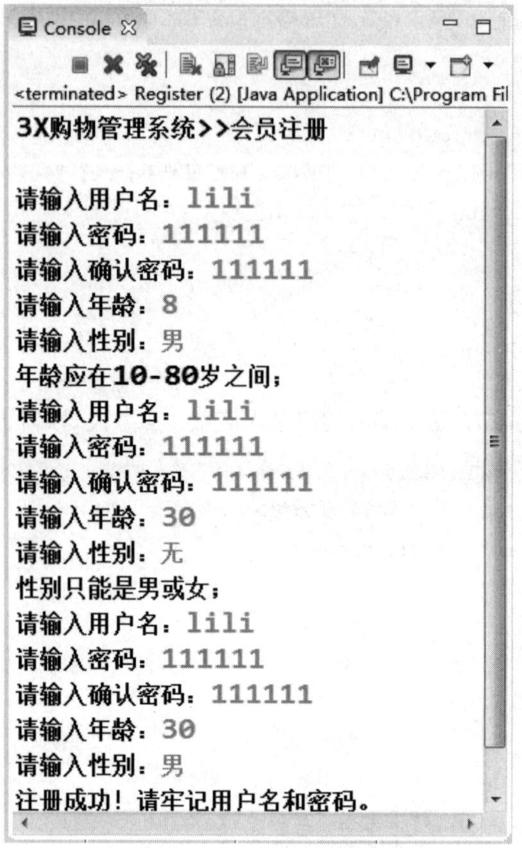

图 6-2　验证用户年龄和性别

验证用户年龄和性别。实现代码如下所示：

```
public class Register {
    public boolean validata(String username,String pwd,String pwd1,int
age,String sex){
        if(username.length()<4){
            System.out.println("用户名的长度不能小于4；");
            return true;
        }
        if(pwd.length()<6){
            System.out.println("密码的长度不能小于6；");
            return true;
        }
        if(!pwd.equals(pwd1)){
            System.out.println("两次输入的密码不一致；");
            return true;
        }
        if(!(age>10&&age<80)){
```

```
            System.out.println("年龄应在10-80岁之间；");
            return true;
        }
        if(!(sex.equals("男")||sex.equals("女"))){
            System.out.println("性别只能是男或女；");
            return true;
        }
        return false;
    }
    public static void main(String[] args) {
        System.out.println("3X购物管理系统>>会员注册\n");
        Register reg=new Register();
        String username="";
        String pwd="";
        String pwd1="";
        int age=0;
        String sex="";
        do
        {
            Scanner in=new Scanner(System.in);
            System.out.print("请输入用户名：");
            username=in.next();
            System.out.print("请输入密码：");
            pwd=in.next();
            System.out.print("请输入确认密码：");
            pwd1=in.next();
            System.out.print("请输入年龄：");
            age=in.nextInt();
            System.out.print("请输入性别：");
            sex=in.next();
        }while(reg.validata(username, pwd, pwd1,age,sex));
        System.out.println("注册成功！请牢记用户名和密码。");
    }
}
```

任务2 条件判断法进行商品换购

任务描述

实现“3X购物管理系统”的商品换购，根据购物金额进行商品换购。

要求：

① 50元：加1元换抽纸；

② 100元：加2元换可乐、加5元换洗手液；

③ 200元：加10元换面粉、加20元换不粘锅。

运行结果，如图6-3所示。

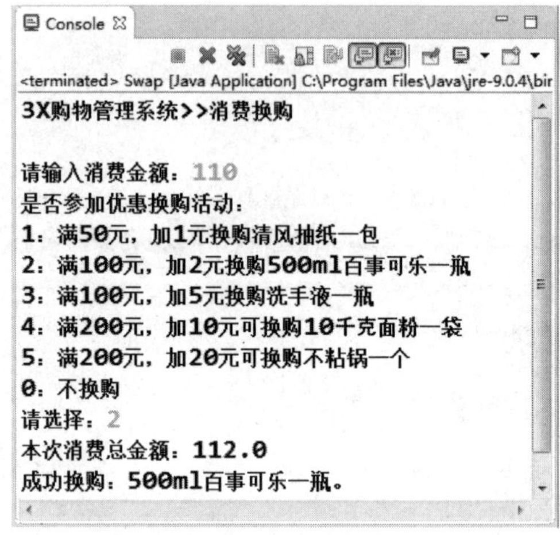

图 6-3　商品换购

视频

实现换购功能

知识链接

if选择结构可以判断消费金额是否符合条件，通过复杂的if-else if 选择结构可以进行多种金额的判断。

switch分支结构可以判断会员选择了哪种换购方式。

任务实施

① 在项目下创建Swap类。在类中定义展示换购结果的方法show()，该方法根据会员选择的换购项进行判断，判断符合哪一换购项，并输出换购结果。参考代码如下所示：

```
public class Swap{
    public void show(double money,double swapmoney,int choice){
        double total=money+swapmoney;
        System.out.println("本次消费总金额："+total);
        if(choice==1){
            System.out.println("成功换购："+"清风抽纸一包。");
        }else if(choice==2 ){
            System.out.println("成功换购："+"500ml百事可乐一瓶。");
        }else if(choice==3){
            System.out.println("成功换购："+"洗手液一瓶。");
        }else if(choice==4){
            System.out.println("成功换购："+"10千克面粉一袋。");
```

```
        }else if(choice == 5){
            System.out.println("成功换购："+"不粘锅一个。");
        }else {
            System.out.println("放弃换购活动！");
        }
    }
}
```

② 在Swap类中增加main方法，获取会员消费金额，通过if选择结构判断消费金额是否大于50元，大于50元可以参与换购，并输入换购活动要求，输入会员的换购选项，通过switch分支调用show方法输出换购结果信息。参考代码如下所示：

```
public static void main(String[] args) {
    Scanner in=new Scanner(System.in);
    Swap swap=new Swap();
    System.out.println("3X购物管理系统>>消费换购\n");
    System.out.print("请输入消费金额：");
    double money=in.nextDouble();
    int choice=0;                              //换购项目
    if(money>=50){
        System.out.println("是否参加优惠换购活动：");
        System.out.println("1：满50元，加1元换购清风纸抽一包");
        System.out.println("2：满100元，加2元换购500ml百事可乐一瓶");
        System.out.println("3：满100元，加5元换购洗手液一瓶");
        System.out.println("4：满200元，加10元可换购10公斤面粉一袋");
        System.out.println("5：满200元，加20元可换购不粘锅一个");
        System.out.println("0：不换购");
        System.out.print("请选择：");
        if(in.hasNextInt()==true){
            choice=in.nextInt();
            switch(choice){
                case 1:
                    if(money>=50){
                        swap.show(money,1,choice);
                    }else{
                        System.out.println("您的消费金额不够，请重新选择换购项目");
                    }
                    break;
                case 2:
                    if(money>=100){
                        swap.show(money,2,choice);
                    }else{
                        System.out.println("您的消费金额不够，请重新选择换购项目");
```

```
                    }
                    break;
                case 3:
                    if(money>=100){
                        swap.show(money,5,choice);
                    }else{
                        System.out.println("您的消费金额不够，请重新选择换购项目");
                    }
                    break;
                case 4:
                    if(money>=200){
                        swap.show(money,10,choice);
                    }else{
                        System.out.println("您的消费金额不够，请重新选择换购项目");
                    }
                    break;
                case 5:
                    if(money>200){
                        swap.show(money,20,choice);
                    }else{
                        System.out.println("您的消费金额不够，请重新选择换购项目");
                    }
                    break;
                default:
                    break;
            }
        }else{
            System.out.println("请输入正确的数字！");
        }
    }
```

拓展任务

实现会员积分换购。

① 会员积分大于100可以参加积分抵现金活动；

② 100积分抵 1 元现金；

③ 500积分抵5元现金；

④ 1000积分抵12元现金；

⑤ 2000积分抵25元现金。

运行结果如图6-4和图6-5所示。

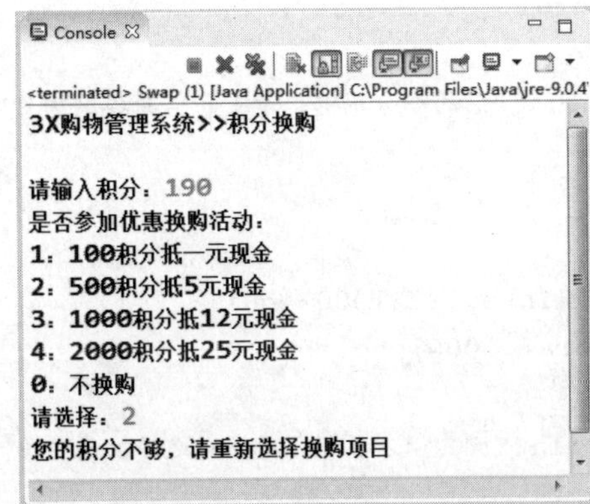

图6-4 会员积分换购

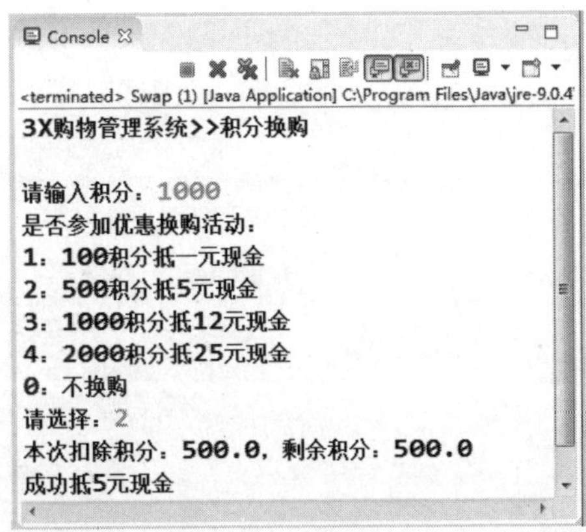

图6-5 会员积分换购

会员积分换购实现代码如下所示：

```
public class Swap {
    public static void main(String[] args) {
        Scanner in=new Scanner(System.in);
        Swap swap=new Swap();
        System.out.println("3X购物管理系统>>积分换购\n");
        System.out.print("请输入积分：");
        int integral=in.nextInt();
        int choice=0;                    //换购项目
        if(integral>=100){
            System.out.println("是否参加优惠换购活动：");
            System.out.println("1：100积分抵一元现金");
            System.out.println("2：500积分抵5元现金");
            System.out.println("3：1000积分抵12元现金");
            System.out.println("4：2000积分抵25元现金");
            System.out.println("0：不换购");
            System.out.print("请选择：");
            if(in.hasNextInt()==true){
                choice=in.nextInt();
                switch(choice){
                    case 1:
                        if(integral>=100&&(integral-100)>=0){
                            swap.show(integral,100,choice);
                        }else{
                            System.out.println("您的积分不够，请重新选择换购项目");
                        }
                        break;
                    case 2:
                        if(integral>=500&&(integral-500)>=0){
```

```
                        swap.show(integral,500,choice);
                    }else{
                        System.out.println("您的积分不够，请重新选择换购项目");
                    }
                    break;
                case 3:
                    if(integral>=1000&&(integral-1000)>=0){
                        swap.show(integral,1000,choice);
                    }else{
                        System.out.println("您的积分不够，请重新选择换购项目");
                    }
                    break;
                case 4:
                    if(integral>=2000&&(integral-2000)>=0){
                        swap.show(integral,2000,choice);
                    }else{
                        System.out.println("您的积分不够，请重新选择换购项目");
                    }
                    break;
                default:
                    break;
            }
        }else{
            System.out.println("请输入正确的数字！");
        }
    }
}
public void show(double integral,double swapintegral,int choice){
    double total=integral-swapintegral;
    System.out.println("本次扣除积分："+swapintegral+"，剩余积分："+total);
    if(choice==1){
        System.out.println("成功抵1元现金");
    }else if(choice==2 ){
        System.out.println("成功抵5元现金");
    }else if(choice==3){
        System.out.println("成功抵12元现金");
    }else if(choice==4){
        System.out.println("成功抵25元现金");
    }else {
        System.out.println("放弃换购活动！");
    }
}
}
```

任务3 统计打折商品数量

任务描述

实现“3X购物管理系统”顾客购物商品打折价格优惠和统计的功能。

要求：

① 顾客去商场购物，购物人数不限；

② 购买商品数量不限，默认9.8折；

③ 商品单价200元以上的，所有商品享受8折优惠；

④ 请统计享受打折优惠的商品的数量和折扣。

运行结果如图6-6和图6-7所示。

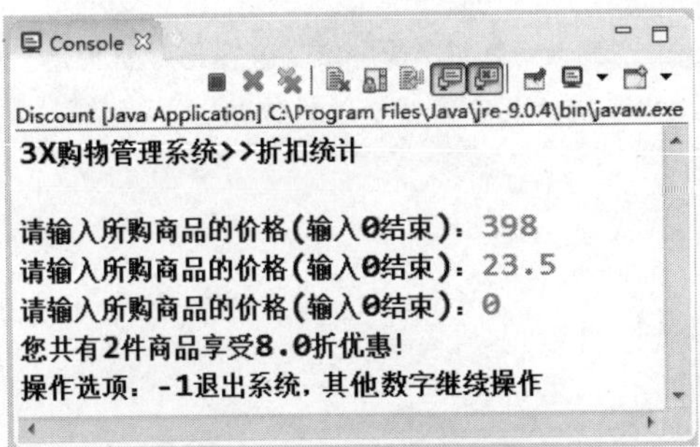

图6-6 统计打折商品数量（200元以上）

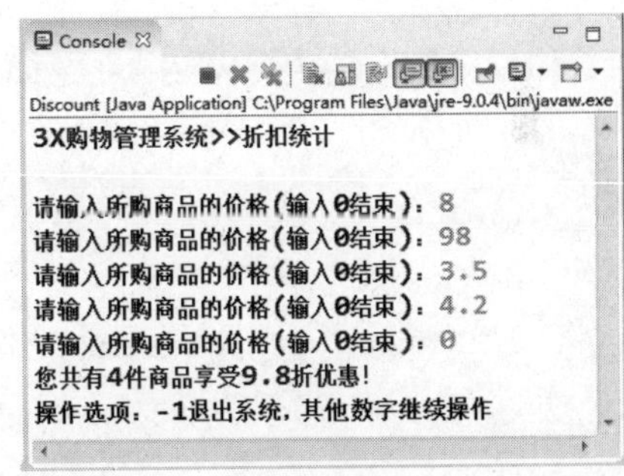

图6-7 统计打折商品数量（200元以下）

知识链接

循环结构包括while、do…while和for三种结构，本任务需要使用for循环结构让用户多次输入商品价格，for循环之间可以相互嵌套，形成嵌套的循环结构。使用if选择结构判断商品的价格和是否退出系统。

任务实施

在项目下创建Discount类。在main方法中嵌套两层for循环结构，外层for循环用来控制价格的多次输入，内层循环根据商品的价格判断并设置所享受的折扣价格，并且对商品数量进行计数，当价格输入0时退出累计循环，参考代码如下所示。

```
public class Discount {

    public static void main(String[] args) {
        Scanner in=new Scanner(System.in);
        int count=0;            //记录打折商品数量
```

```
        double price=0.0;       //商品价格
        double discount=9.8;
        System.out.println("3X购物管理系统>>折扣统计\n ");
        for(int i=0; i>-1; ){
            count=0;
            discount=9.8;
            for(int j=0; j>-1;){
                System.out.print("请输入所购商品的价格(输入0结束): ");
                price=in.nextDouble();
                if(price==0)
                    break;
                if(price>=200)
                    discount=8;
                count++ ; //累计
            }
            System.out.println("您共有" +count + "件商品享受"+discount+"折优惠! ");
            System.out.print("操作选项: -1退出系统, 其他数字继续操作");
            if(in.nextDouble()==-1)
                break;
        }
        System.out.println("感谢您的使用, 再见! ");
    }
}
```

拓展任务

会员积分累计。

① 依据单件商品价格计算会员积分并汇总积分;

② 单件商品超过100元，每10元抵1积分，取整数部分;

③ 单件商品超过50元，每5元抵1积分，取整数部分;

④ 单件商品超过10元，每10元抵1积分，取整数部分

运行结果如图6-8所示。

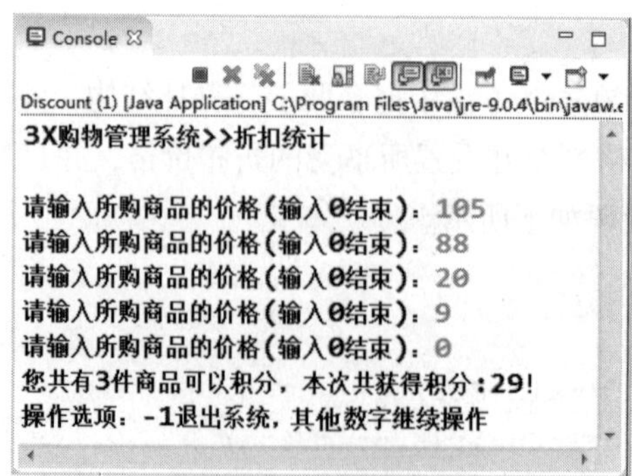

图 6-8　积分累计

购物积分累积实现代码如下所示：

```
public class Discount {

    public static void main(String[] args) {
        Scanner in=new Scanner(System.in);
        int count=0;            //记录打折商品数量
        double price=0.0;       //商品价格
        double discount=9.8;
        int member=0;
        System.out.println("3X购物管理系统>>折扣统计\n");
        for(int i=0; i>-1; ){
            count=0;
            for(int j=0; j>-1;){
                System.out.print("请输入所购商品的价格(输入0结束): ");
                price=in.nextDouble();
                if(price==0)
                    break;
                if(price>=100){
                    member+=(int) (price/10);
                    count++ ;
                }else if(price>=50){
                    member+=(int) (price/5);
                    count++ ;
                }
                else if(price>=10){
                    member+=(int) (price/10);
                    count++ ;
                }
                //累计
            }
            System.out.println("您共有"+count+"件商品可以积分，本次共获得积分:"+
member+"! ");
            System.out.print("操作选项：-1退出系统，其他数字继续操作");
            if(in.nextDouble()==-1)
                break;
        }
        System.out.println("感谢您的使用，再见! ");
    }
}
```

任务 4 会员积分回馈

任务描述

实现“3X购物管理系统”的会员积分回馈。

要求：

① 钻石卡客户积分大于1 000分或金卡客户积分大于4 000，获得回馈积分500分；

② 创建会员对象输出得到的回馈积分。

运行结果，如图6-9所示。

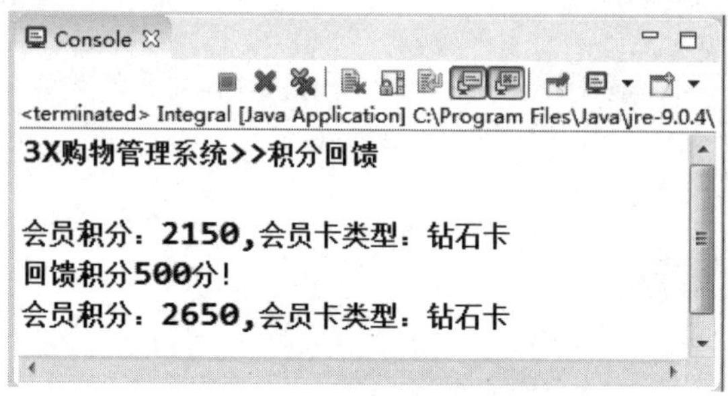

图 6-9 会员积分回馈

知识链接

会员类中需要设置会员的多个特性，在类中需要设置属性存储会员信息，通过方法展示会员的属性信息，测试类中通过new关键字创建会员对象，使用if选择结构判断会员属性值，并进行积分回馈。

任务实施

在项目下创建Member类。在类中定义会员属性：会员卡号、会员姓名、会员电话、会员密码、会员积分、会员卡类型；定义showintegral()方法，打印输出会员的属性信息。实现代码如下所示：

```
public class Member {
    public String cardid;              //会员卡号
    public String name;                //会员姓名
    public String tel;                 //会员电话
    public String password;            //会员密码
    public int integral;               //会员积分
    public String type="普卡";         //会员卡类型

    public void showintegral(){
```

```
        System.out.print("会员积分: "+integral+",");
        System.out.println("会员卡类型: "+type);
    }
}
```

在Integeral类中编写main()方法，方法中创建新会员对象member，并对会员的属性进行赋值，调用会员对象的showintegral()方法输出显示会员信息，if选择结构判断会员的积分和会员类型是否符合积分回馈要求，符合积分加500，并展示回馈后的会员信息。实现代码如下所示：

```
public class Integral {
    public static void main(String[] args) {
        System.out.println("3X购物管理系统>>积分回馈\n");
        Member member=new Member();
        member.integral=2150;
        member.type="钻石卡";
        member.showintegral();
        if((member.integral>1000 && member.type.equals("钻石卡"))||
            (member.integral>4000 && member.type.equals("金卡"))){
            System.out.println("回馈积分500分! ");
            member.integral=member.integral+500;
        }
        member.showintegral();
    }
}
```

拓展任务

会员卡升级。

① 会员积分加1000；

② 普卡会员积分大于10000，会员类型升级金卡，积分归0。

③ 金卡会员积分大于5000，会员类型升级钻石卡，积分归0。

运行结果如图6-10所示。

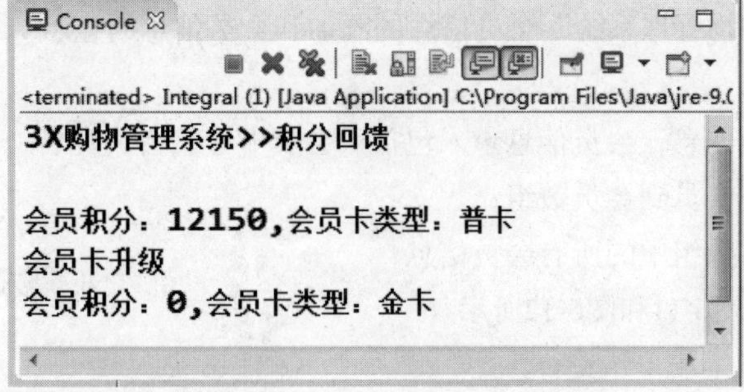

图6-10　积分回馈

积分回馈实现代码如下所示：

```
public class Integral {
    public static void main(String[] args) {
        System.out.println("3X购物管理系统>>积分回馈\n");
        Member member=new Member();
        member.integral=12150;
        member.type="普卡";
        member.showintegral();

        if(member.integral>10000 && member.type.equals("普卡")){
            System.out.println("会员卡升级");
            member.integral=0;
            member.type="金卡";
        }

        if(member.integral>5000 && member.type.equals("金卡")){
            System.out.println("会员卡升级");
            member.integral=0;
            member.type="钻石卡";
        }
        member.showintegral();
    }
}
```

任务 5 添加会员信息并显示

任务描述

视频

实现会员信息的添加和显示

实现“3X购物管理系统”会员信息的添加和会员信息的显示。

要求：

① 录入会员信息，会员信息录入包括：会员卡号、会员姓名、会员电话；

② 存储多个会员到会员数组；

③ 显示会员数组中的所有会员信息；

运行结果如图6-11和图6-12所示。

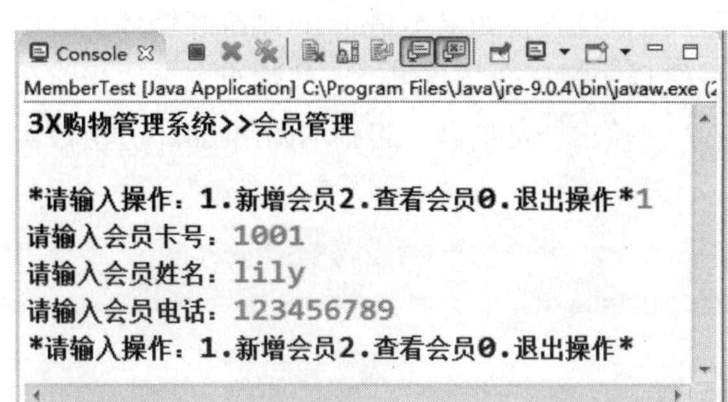

图 6-11　会员新增

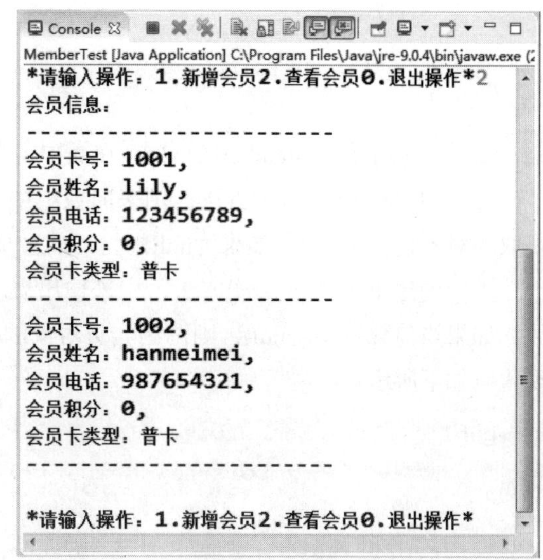

图 6-12　会员查看

知识链接

会员类中需要设置会员的多个特性，在类中需要设置属性存储会员信息，通过方法展示会员的属性信息。新增会员保存在数组中，因此创建会员数据类，用来存储多个会员信息，会员数据类中设置数组存储多个会员，并创建增加会员方法和显示会员方法，使用for循环结构对数组进行操作。

任务实施

① 在项目下创建Member类。在类中定义会员属性：会员卡号、会员姓名、会员电话、会员密码、会员积分、会员卡类型；定义show()方法打印输出会员的属性信息。实现代码如下所示。

```
public class Member {

    public String cardid;              //会员卡号
    public String name;                //会员姓名
    public String tel;                 //会员电话
    public String password;            //会员密码
    public int integral;               //会员积分
    public String type="普卡";          //会员卡类型

    public void show(){
        System.out.println("会员卡号："+cardid+",");
        System.out.println("会员姓名："+name+",");
        System.out.println("会员电话："+tel+",");
        System.out.println("会员积分："+integral+",");
        System.out.println("会员卡类型："+type);
```

```
        System.out.println("------------------------");
    }
}
```

② 在项目下创建MemberData类。在类中定义属性members数组，用来存储会员对象。

类中创建addMember()方法，用来向数组中增加会员对象，方法中遍历数组，并判断数组中当前获取的对象是否为null，如果为null则将当前会员对象存入该位置，如果不是null，则继续循环。

类中创建showMembers()方法，用来输出展示会员信息，循环会员数组时，从数组中获取当前会员，如果当前数据不是null，则调用会员对象的show()方法输出会员信息，否则不调用show()方法。实现代码如下所示：

```
public class MemberData {
    Member[] members=new Member[30]; // 会员数组
    //增加会员
    public void addMember(Member member) {
        for (int i=0; i<members.length; i++) {
            if(members[i]==null) {
                members[i]=member;
                break;
            }
        }
    }
    //显示会员信息
    public void showMembers() {
        System.out.println("会员信息：");
        System.out.println("------------------------");
        for(int i=0; i<members.length; i++) {
            if(members[i]!=null) {
                members[i].show();
            }
        }
        System.out.println();
    }
}
```

③ 在MemberTest类中编写main方法，方法中创建新会员数据存储对象memberdata，设置while无限循环，提示新增、查看、退出操作。使用switch分支语句判断，如果输入1，创建新会员对象，并为该会员对象录入会员信息，并将该会员对象存储到memberdata数组中，如果输入2，调用memmberdata的showMembers()方法输出所有会员信息，否则输入操作错误。实现代码如下所示：

```
public class MemberTest {
    public static void main(String[] args) {
```

```
        System.out.println("3X购物管理系统>>会员管理\n");
        Scanner in=new Scanner(System.in);
        MemberData memberdata=new MemberData();
        while(true){
            System.out.print("*请输入操作：1.新增会员2.查看会员0.退出操作*");
            int oper=in.nextInt();
            if(oper==0){
                System.out.println("退出操作！！！");
                break;
            }
            switch(oper){
                case 1:
                    Member member=new Member();
                    System.out.print("请输入会员卡号：");
                    member.cardid=in.next();
                    System.out.print("请输入会员姓名：");
                    member.name=in.next();
                    System.out.print("请输入会员电话：");
                    member.tel=in.next();
                    memberdata.addMember(member);
                    break;
                case 2:
                    memberdata.showMembers();
                    break;
                default:
                    System.out.println("请输入正确的操作选项");
                    break;
            }
        }
    }
}
```

拓展任务

商品的新增和显示，要求实现如下功能：

① 新增商品包括商品标题、价格、数量；

② 展示商品数组中的商品信息。

运行结果如图6-13所示。

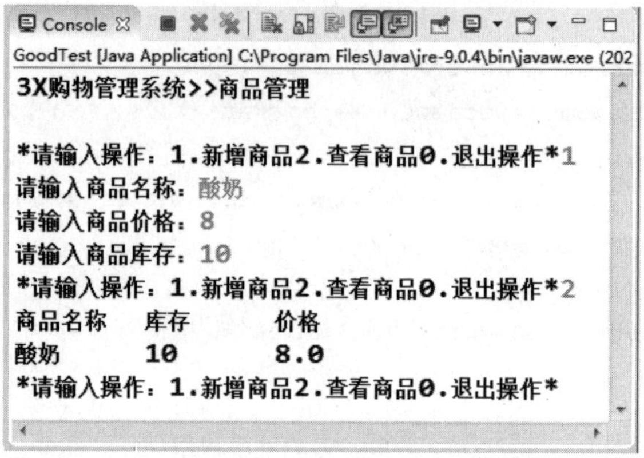

```
Console
GoodTest [Java Application] C:\Program Files\Java\jre-9.0.4\bin\javaw.exe (202
3X购物管理系统>>商品管理

*请输入操作：1.新增商品2.查看商品0.退出操作*1
请输入商品名称：酸奶
请输入商品价格：8
请输入商品库存：10
*请输入操作：1.新增商品2.查看商品0.退出操作*2
商品名称	库存	价格
酸奶	10	8.0
*请输入操作：1.新增商品2.查看商品0.退出操作*
```

图 6-13　新增和查看商品

新增商品和查看商品实现代码如下所示：

```
public class Good {
    public String name;         //商品名称
    public int stock;           //商品库存
    public double price;        //商品价格

    public void show(){
        System.out.println(name+"\t"+stock+"\t"+price);
    }
}
public class GoodData {
    public Good[] goods=new Good[30];
    public void show(){
        System.out.println("商品名称\t库存\t价格");
        for(int i=0;i<goods.length;i++){
            if(goods[i]!=null)
                goods[i].show();
    }
    }
    //增加商品
    public void addGood(Good good) {
        for (int i = 0; i < goods.length; i++) {
            if (goods[i] == null) {
                goods[i] = good;
                break;
            }
        }
    }
}
```

```
public class GoodTest {
    public static void main(String[] args) {
        System.out.println("3X购物管理系统>>商品管理\n");
        Scanner in=new Scanner(System.in);
        GoodData gooddata=new GoodData();
        while(true){
            System.out.print("*请输入操作：1.新增商品2.查看商品0.退出操作*");
            int oper=in.nextInt();
            if(oper==0){
                System.out.println("退出操作！！！");
                break;
            }
            switch(oper){
                case 1:
                    Good good=new Good();
                    System.out.print("请输入商品名称：");
                    good.name=in.next();
                    System.out.print("请输入商品价格：");
                    good.price=in.nextDouble();
                    System.out.print("请输入商品库存：");
                    good.stock=in.nextInt();
                    gooddata.addGood(good);
                    break;
                case 2:
                    gooddata.show();
                    break;
                default:
                    System.out.println("请输入正确的操作选项");
                    break;
            }
        }
    }
}
```

任务6　使用带参方法删除商品信息

任务描述

实现“3X购物管理系统”的删除商品信息。

要求：

① 存储初始商品数据到数组中。

② 显示商品数组中的商品信息。

③ 依据商品的编号进行商品删除。

运行结果如图6-14所示。

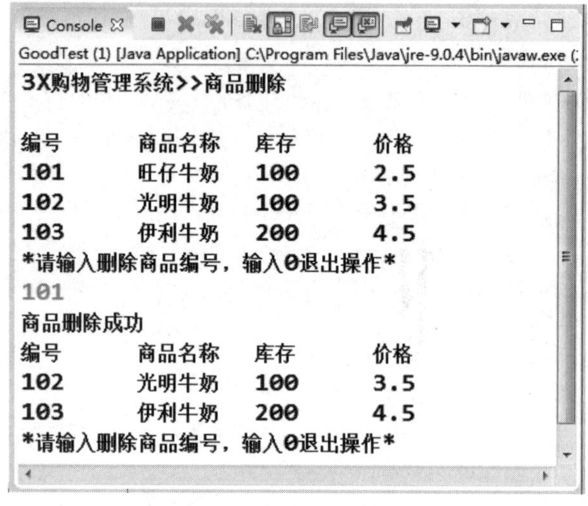

图 6-14 删除商品

知识链接

商品类中需要设置商品的多个特性，在类中需要设置属性存储商品信息，通过方法展示商品的属性信息。新增商品保存在数组中，因此创建商品数据类，用来存储多个商品信息，商品数据类中设置数组存储多个商品，并创建删除商品方法和显示商品方法，使用for循环结构对数组进行操作。

任务实施

① 在项目下创建Good类。在类中定义商品属性：商品编号、商品名称、商品库存、商品价格；定义show()方法打印输出商品的属性信息。实现代码如下所示。

```
public class Good {
    public int id;              //商品编号
    public String name;         //商品名称
    public int stock;           //商品库存
    public double price;        //商品价格

    public void show(){
        System.out.println(id+"\t"+name+"\t"+stock+"\t"+price);
    }
}
```

② 在项目中创建GoodData类。在类中定义Goods数组，用来存储商品对象。

在类中创建init()方法，用来向数组中增加商品对象，为商品数组设置默认数据。

在类中创建delete()方法，用来删除数组中的商品，遍历数组，并判断数组中当前获取的对象，如果不为null并且该商品编号与要删除商品编号一致，则将当前商品数组位置的数据设置为null，如果不符合则继续循环。

在类中创建show()方法，用来输出展示商品信息，循环商品数组时，从数组中获取当前商品，如果当前数据不为null，则调用商品对象的show()方法输出商品信息，否则不调用show()方法。实现代码如下所示。

```
public class GoodData {
    public Good[] goods=new Good[30];
    public void init(){
        Good g0=new Good();
        g0.id=101;
        g0.name="旺仔牛奶";
        g0.stock=100;
        g0.price=2.5;
        goods[0]=g0;
        Good g1=new Good();
        g1.id=102;
        g1.name="光明牛奶";
        g1.stock=100;
        g1.price=3.5;
        goods[1]=g1;
        Good g2=new Good();
        g2.id=103;
        g2.name="伊利牛奶";
        g2.stock=200;
        g2.price=4.5;
        goods[2]=g2;
    }

    public void show(){
        System.out.println("编号\t商品名称\t库存\t价格");
        for(int i=0;i<goods.length;i++){
            if(goods[i]!=null)
                goods[i].show();
        }
    }

    public boolean delete(int id){
        for(int i=0;i<goods.length;i++){
            if(goods[i]!=null&&goods[i].id==id){
```

```
                goods[i]=null;
                return true;
            }
        }
        return false;
    }
}
```

③ 在GoodTest类中编写main()方法，在方法中创建新商品数据存储对象gooddata，设置while无限循环，提示输入商品编号。使用if选择语句判断，如果输入0，退出操作，否则调用gooddata对象中的delete()方法并将输入的商品编号作为方法参数传入，对商品进行删除，并根据方法的返回结果判断删除商品成功或商品不存在。实现代码如下所示：

```
public class GoodTest {
    public static void main(String[] args) {
        System.out.println("3X购物管理系统>>商品删除\n");
        Scanner in=new Scanner(System.in);
        GoodData gooddata=new GoodData();
        gooddata.init();
        while(true){
            gooddata.show();
            System.out.println("*请输入删除商品编号，输入0退出操作*");
            int id=in.nextInt();
            if(id==0){
                System.out.println("退出操作");
                break;
            }
            if(gooddata.delete(id)){
                System.out.println("商品删除成功");
            }else{
                System.out.println("请输入正确的商品编号");
            }
        }
    }
}
```

拓展任务

会员的删除。

① 根据会员卡号删除会员数组中的会员；

② 展示会员数组中的会员信息。

运行结果如图6-15所示。

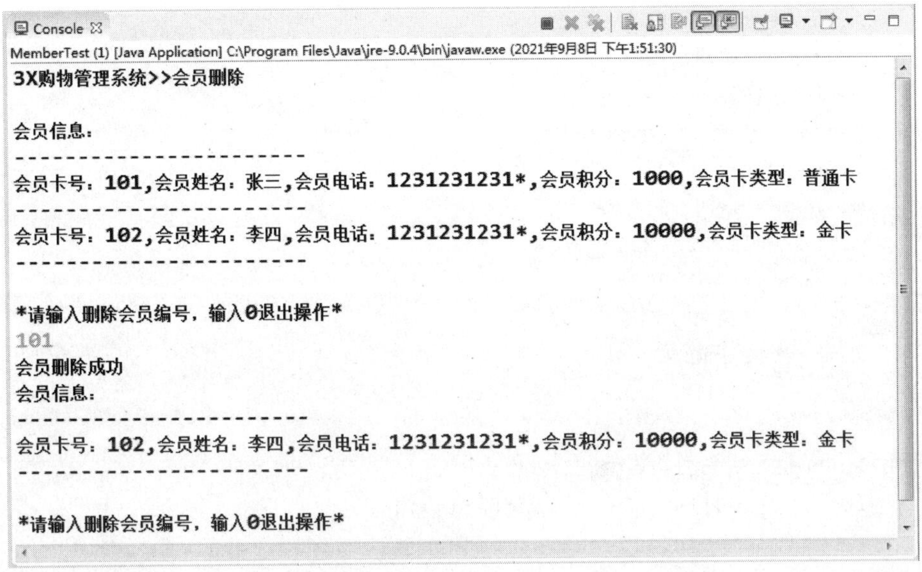

```
Console ☒
MemberTest (1) [Java Application] C:\Program Files\Java\jre-9.0.4\bin\javaw.exe (2021年9月8日 下午1:51:30)
3X购物管理系统>>会员删除

会员信息:
------------------------
会员卡号:101,会员姓名:张三,会员电话:1231231231*,会员积分:1000,会员卡类型:普通卡
------------------------
会员卡号:102,会员姓名:李四,会员电话:1231231231*,会员积分:10000,会员卡类型:金卡
------------------------

*请输入删除会员编号,输入0退出操作*
101
会员删除成功
会员信息:
------------------------
会员卡号:102,会员姓名:李四,会员电话:1231231231*,会员积分:10000,会员卡类型:金卡
------------------------

*请输入删除会员编号,输入0退出操作*
```

图 6-15 删除会员信息

删除会员实现代码如下所示:

```
public class Member {
    public String cardid;              //会员卡号
    public String name;                //会员姓名
    public String tel;                 //会员电话
    public int integral;               //会员积分
    public String type="普卡";         //会员卡类型

    public void show(){
        System.out.print("会员卡号: "+cardid+",");
        System.out.print("会员姓名: "+name+",");
        System.out.print("会员电话: "+tel+",");
        System.out.print("会员积分: "+integral+",");
        System.out.println("会员卡类型: "+type);
        System.out.println("------------------------");
    }
}

public class MemberData {
    Member[] members=new Member[30]; //会员数组
    public void init(){
        Member m0=new Member();
        m0.cardid="101";
        m0.name="张三";
        m0.tel="1231231231*";
```

```
        m0.integral=1000;
        m0.type="普通卡";
        members[0]=m0;
        Member m1=new Member();
        m1.cardid="102";
        m1.name="李四";
        m1.tel="1231231231*";
        m1.integral=10000;
        m1.type="金卡";
        members[1]=m1;
    }

    public boolean delete(String cardid){
        for(int i=0;i<members.length;i++){
            if(members[i]!=null&&members[i].cardid.equals(cardid)){
                members[i]=null;
                return true;
            }
        }
        return false;
    }

    //显示会员信息
    public void showMembers() {
        System.out.println("会员信息：");
        System.out.println("-----------------------");
        for(int i=0; i<members.length; i++) {
            if(members[i]!=null) {
                members[i].show();
            }
        }
        System.out.println();
    }
}

public class MemberTest {
    public static void main(String[] args) {
        System.out.println("3X购物管理系统>>会员删除\n");
        Scanner in=new Scanner(System.in);
        MemberData memberdata=new MemberData();
        memberdata.init();
        while(true){
            memberdata.showMembers();;
```

```
            System.out.println("*请输入删除会员编号，输入0退出操作*");
            String cardid=in.next();
            if(cardid.length()<=0){
                System.out.println("退出操作");
                break;
            }
            if(memberdata.delete(cardid)){
                System.out.println("会员删除成功");
            }else{
                System.out.println("请输入正确的会员编号");
            }
        }
    }
}
```

任务 7　随机数法模拟幸运抽奖

任务描述

实现“3X购物管理系统”的模拟幸运抽奖。

要求：

① 会员卡号为4位数字；

② 获取会员卡号的十位数字与生成的随机数相同既为幸运会员；

运行结果如图6-16所示。

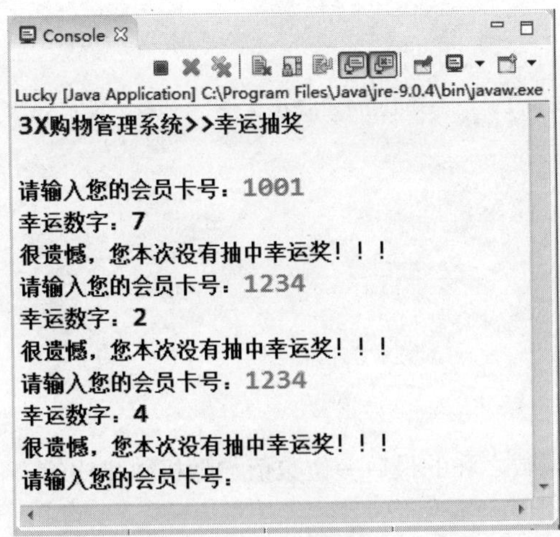

图 6-16　幸运抽奖

知识链接

会员类中需要设置会员的多个特性，在类中需要设置属性存储会员信息。输入会员卡号，计算会员卡号的十位数字，通过Random类获取随机数。

任务实施

本任务的实施步骤如下：

会员类参考本项目任务5中的会员类。输入会员卡号，将字符串类型的会员卡号转换成整型，并计算会员卡号的十位数字，通过Random类获取随机数，判断随机数如果与会员卡号十位数字一致，则为幸运会员，否则没有中奖，参考代码如下所示。

```
public class Lucky {
    public static void main(String[] args) {
        System.out.println("3X购物管理系统>>幸运抽奖\n");
        Scanner in=new Scanner(System.in);
        Random r=new Random();
        Member member=new Member();
        while(true){
            System.out.print("请输入您的会员卡号：");
            member.cardid=in.next();
            //获取十位数字
            int shiwei=Integer.parseInt(member.cardid)/10%10;
            int random=r.nextInt(10);
            System.out.println("幸运数字："+random);
            if(shiwei==random){
                System.out.println("恭喜您获得本次幸运抽奖会员！！！");
                break;
            }else{
                System.out.println("很遗憾，您本次没有抽中幸运奖！！！");
            }
        }
    }
}
```

拓展任务

幸运抽奖。

① 获取会员卡号的各个位数之和的最后一位数值与随机数相比较；

② 相同为幸运奖。

运行结果如图6-17所示。

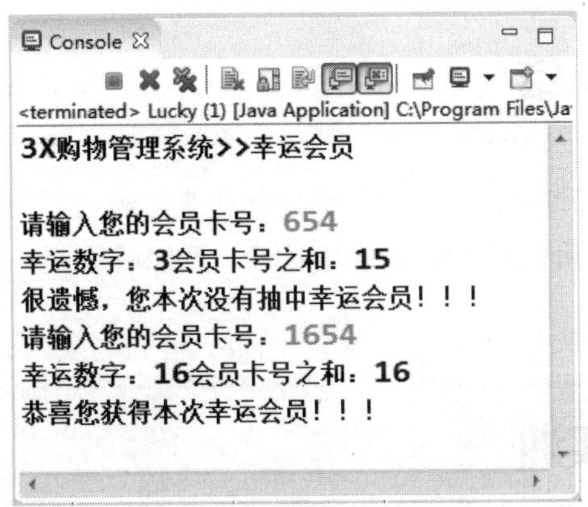

图 6-17　模拟幸运会员

模拟幸运会员实现代码如下所示：

```
public class Lucky {
    public static void main(String[] args) {
        System.out.println("3X购物管理系统>>幸运会员\n");
        Scanner in=new Scanner(System.in);
        Random r=new Random();
        int cardid=0;
        while(true){
            System.out.print("请输入您的会员卡号：");
            cardid=in.nextInt();
            //获取十位数字
            int sum=0;
            int count=0;                //卡号位数
            while(cardid>0){
                sum+=cardid%10;
                cardid=cardid/10;
                count++;
            }
            int random=r.nextInt(count*10-count);
            System.out.println("幸运数字："+random+"会员卡号之和："+sum);
            if(sum==random){
                System.out.println("恭喜您获得本次幸运会员！！！");
                break;
            }else{
                System.out.println("很遗憾，您本次没有抽中幸运会员！！！");
            }
        }
    }
}
```

项目总结

本综合案例主要完成“3X购物管理系统”的部分功能，通过案例实践，熟练掌握类的创建与使用、选择结构的实际应用、循环结构的多种应用场景、数组的应用、获取用户输入数据类的应用以及各模块的业务逻辑的梳理。

项目实训

实训一：模拟学生管理功能。通过数组存储学生对象，数组中设置存储40个学生，实现学生的新增、删除以及学生信息的查看。学生信息包括学号、姓名、性别、电话、学院、专业等信息。

实训二：满减活动。输入当次购物金额，购物金额每满300减30元，上不封顶。

实训三：模拟抽奖。系统默认设置中奖数字（3位数字），会员输入3位数字，与默认中奖数字进行匹配，如果默认中奖数字与会员输入的3位数字一致，则中奖，展示可选奖品并进行兑换。否则未中奖。